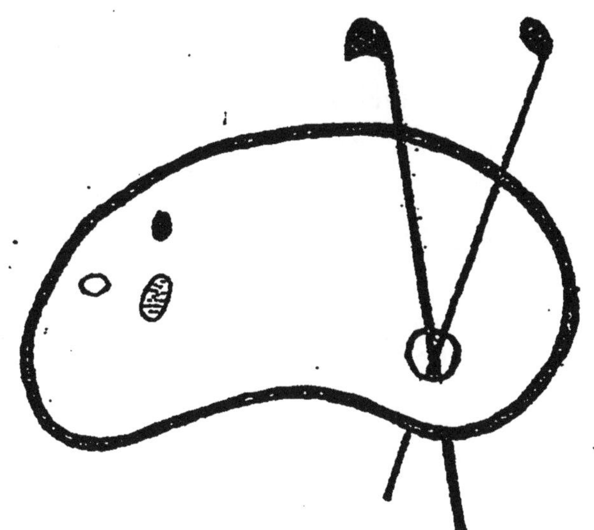

COUVERTURE SUPERIEURE ET INFERIEURE
EN COULEUR

FRAGMENTS
SCIENTIFIQUES

PAR

JOHN TYNDALL

De la Société royale de Londres, Professeur à l'Institution royale de la
Grande-Bretagne.

TRADUITS SUR LA CINQUIÈME ÉDITION ANGLAISE

PAR

HENRY GRAVEZ

Ingénieur.

I. — La poussière et la maladie.
II. — Les cristaux et la force moléculaire.

AVEC FIGURES DANS LE TEXTE

PARIS

LIBRAIRIE GERMER BAILLIÈRE ET Cie

8, PLACE DE L'ODÉON, 8

La librairie sera transférée *108, boulevard St-Germain,*
le 1er octobre 1877.

1877

FRAGMENTS SCIENTIFIQUES

AUTRES OUVRAGES DE M. TYNDALL

Traduits en français.

LES GLACIERS ET LES TRANSFORMATIONS DE L'EAU, ouvrage illustré de nombreuses figures intercalées dans le texte et de huit planches tirées à part sur papier teinté, 1 vol. in-8, de la *Bibliothèque scientifique internationale*, cartonné à l'anglaise.   6 fr.

LA CHALEUR CONSIDÉRÉE COMME UN MODE DE MOUVEMENT, cours en douze leçons professées à l'Institution Royale de la Grande-Bretagne, 1 vol. in-8.

LE SON, 1 vol. in-8.

FARADAY INVENTEUR, 1 vol. in-18.

CHALEUR ET FROID, six leçons faites à un jeune auditoire, 1 vol. in-18.   2 fr.

LA MATIÈRE ET LA FORCE. 1867, in-12.   1 fr. 50

Coulommiers. — Typog. ALBERT PONSOT et P. BRODARD.

FRAGMENTS
SCIENTIFIQUES

PAR

JOHN TYNDALL

De la Société royale de Londres, Professeur à l'Institution royale de la
Grande-Bretagne.

TRADUITS SUR LA CINQUIÈME ÉDITION ANGLAISE

PAR

HENRY GRAVEZ

Ingénieur.

> I. — La poussière et la maladie.
> II. — Les cristaux et la force moléculaire.

AVEC FIGURES DANS LE TEXTE

PARIS

LIBRAIRIE GERMER BAILLIÈRE ET Cie

8, PLACE DE L'ODÉON, 8

La librairie sera transférée *108, boulevard St-Germain,*
le 1er octobre 1877.

—

1877

FRAGMENTS SCIENTIFIQUES

I

LA POUSSIÈRE ET LA MALADIE

1870

I

EXPÉRIENCES SUR L'AIR CHARGÉ DE POUSSIÈRES.

La lumière solaire qui traverse une chambre obscure révèle sa trace en éclairant la poussière flot-
tant dans l'air. « Le soleil, dit Daniel Culverwell, découvre les atomes que la lumière artificielle ne peut
rendre visibles, et les montre à nu, s'agitant dans ses
rayons. »

Dans mes recherches sur la décomposition des vapeurs par la lumière, je fus forcé d'éliminer ces atomes et cette poussière. Il était absolument nécessaire
que l'espace renfermant les vapeurs, n'embrassât
aucune chose visible, qu'aucune substance capable

de disperser la lumière au moindre degré sensible ne pût, à la fin d'une expérience, se retrouver dans le large tube qui contenait la vapeur.

Je fus longtemps gêné par l'apparition de ces matières flottantes qui, invisibles à la lumière diffuse du jour, se montraient tout à coup dans un rayon fortement condensé. Je plaçai deux tubes en U sur le trajet de l'air avant qu'il ne pénétrât dans le liquide dont les vapeurs devaient remplir le tube d'expérience. Un des tubes contenait des morceaux de verre arrosés d'acide sulfurique concentré, l'autre des fragments de marbre humectés d'une solution concentrée de potasse caustique. A mon étonnement, l'air de l'Institut Royal, après avoir traversé ces tubes assez lentement pour se sécher et perdre son acide carbonique, apportait dans le tube d'expérience une quantité considérable de matières suspendues mécaniquement qui se trouvaient éclairées sur le passage du rayon. L'effet restait presque identique quand on faisait barboter l'air dans le liquide acide et la solution de potasse.

J'essayai de diverses façons d'intercepter la matière flottante, et le 5 octobre 1868, avant d'envoyer l'air dans l'appareil à dessécher, on le fit passer avec précaution sur le sommet d'une flamme d'alcool. La matière flottante ne se montra plus, elle avait été brûlée par la flamme. C'était donc de la matière organique. Je n'étais d'aucune façon préparé à ce résultat, ayant toujours regardé la poussière de l'air comme inorganique et incombustible [1]. J'avais construit un

1. D'après une analyse que m'a obligeamment communiquée le D𝗋 Percy, la poussière recueillie *sur les murs* du British

petit fourneau à gaz, aujourd'hui fort employé par les chimistes, contenant un tube de platine qu'on pouvait chauffer au rouge vif. Le tube renfermait un rouleau de ruban de platine qui, tout en permettant le passage de l'air, assurait le contact de la poussière avec le métal incandescent. Avant de pénétrer dans le tube d'expérience l'air du laboratoire traversait, tantôt à froid, tantôt à chaud, le tube de platine.

Voici un extrait du tableau relatant mes expériences. La première colonne donne la quantité d'air employée, exprimée par la dépression de l'indicateur à mercure de la pompe à air; la seconde indique l'état du tube de platine, la troisième celui de l'air dans le tube d'expérience.

Quantité d'air	Etat du tube de platine	Etat du tube d'expérience
15 pouces	Froid	Rempli de particules
30 pouces	Rouge	Optiquement vide.

L'indication optiquement vide prouve qu'après une combustion parfaite la matière flottante disparaissait complétement.

Je plaçai une lampe à alcool allumée dans un rayon

Museum renferme au moins 50 0/0 de matière inorganique. J'ai toute confiance dans les résultats de ce chimiste distingué ; ils montrent que la poussière *flottante* de nos appartements est en quelque sorte le produit tamisé d'une matière plus lourde.

Voici un passage de Pasteur qui se rapporte directement à ce point : « Mais ici se présente une remarque : la poussière que l'on trouve à la surface de tous les corps est soumise constamment à des courants d'air qui doivent soulever ses particules les plus légères, ou les corpuscules organisés, œufs ou spores, moins lourds généralement que les particules minérales. »

cylindrique qui éclairait fortement la poussière du laboratoire. On voyait, se mêlant à la flamme et autour de ses bords, de curieuses bandes obscures ressemblant à de la fumée d'un noir intense. En plaçant la flamme un peu en dessous du rayon, les mêmes masses obscures tourbillonnaient au-dessus d'elle. Ces masses étaient plus noires que la plus noire des fumées qui soient jamais sorties de la cheminée d'un steamer. Cette ressemblance avec de la fumée était assez parfaite pour amener l'observateur le plus exercé à conclure que la flamme de l'alcool, pure en apparence, ne demandait qu'un rayon suffisamment intense pour montrer des nuages de carbone mis en liberté.

Mais ces tourbillons noirs sont-ils de la fumée? Cette question se présenta à un moment donné et fut ainsi résolue. Un tisonnier rougi fut placé sous le rayon; il s'en éleva également des masses noires. On employa alors une grande flamme d'hydrogène; elle produisit ces tourbillons obscurs beaucoup plus abondamment que la flamme d'alcool ou le tisonnier. La fumée était donc hors de cause [1].

Qu'était-ce donc que cette noirceur? C'était simplement celle de l'espace stellaire, c'est-à-dire, la noirceur résultant de l'absence, sur le trajet du rayon, de toute matière capable de disperser sa lumière. En plaçant la flamme sous le rayon, la matière flottante se trouvait détruite *in situ*, et l'air, privé de cette

---

1. Je n'ai pu faire cette expérience dans aucune des salles des Etats-Unis où j'ai eu l'honneur de faire des lectures. La poussière organique y était trop rare. Certaines salles d'Angleterre, le Pavillon de Brighton, par exemple, manquent aussi des conditions nécessaires.

matière, s'élevait dans le rayon, repoussait les particules éclairées et substituait à leur lumière l'obscurité due à sa parfaite transparence.

Rien ne pourrait donner une démonstration plus éclatante de l'invisibilité de l'agent qui rend toutes choses visibles. Le rayon traversait, invisible, l'intervalle obscur formé par l'air transparent, tandis qu'aux deux côtés du vide, les particules serrées brillaient comme un solide lumineux sous l'éclairage puissant.

Il n'est cependant pas nécessaire de brûler les particules pour produire un courant obscur. Sans combustion réelle, on peut engendrer des courants qui déplacent la matière flottante et restent obscurs au milieu de l'éclat qui les environne. Je remarquai d'abord cet effet en plaçant une balle de cuivre rougie en dessous du rayon et en l'y laissant jusqu'à ce que sa température fût descendue en dessous de celle de l'eau bouillante. Les courants obscurs, bien que fort affaiblis, se produisaient encore. On peut également les obtenir avec un flacon rempli d'eau chaude.

Pour étudier cet effet on plaça en travers du rayon un fil de platine dont les deux bouts étaient reliés aux deux pôles d'une batterie voltaïque. Afin de régulariser la force du courant, on interposa un rhéostat dans le circuit. En débutant par un courant faible la température du fil augmentait progressivement, mais longtemps avant qu'il n'eût atteint la chaleur de l'ignition, une mince lame d'air s'en élevait. En regardant cette lame par les extrémités, elle apparaissait plus noire et plus nette qu'aucune des lignes de Fraunhöfer dans le spectre purifié. A droite et à gauche de cette bande verticale obscure, la matière flottante s'élevait et limitait nettement le courant d'air non lumineux.

Quelle est l'explication de ce fait? Celle-ci tout simplement : Le fil chauffé raréfiait l'air en contact avec lui, mais n'allégeait pas également la matière flottante. Le courant d'air pur s'élevait donc à *travers les particules inertes*, les entraînait avec lui à droite et à gauche, mais en établissant entre elles une séparation obscure infranchissable. Cette expérience élémentaire nous permet de nous rendre compte des courants obscurs produits par des corps dont la température n'atteint pas la combustion.

Mais, quand le fil de platine est fortement chauffé, la matière en suspension n'est pas seulement déplacée, elle est détruite. Je tendis un fil de 4 pouces environ de longueur dans une cloche ordinaire en verre garnie de coton sous sa base et sur ses bords. Le fil étant porté au blanc par un courant électrique, l'air se dilatait et une partie traversait le coton. Une fois le courant interrompu et l'air de la cloche refroidi, l'air qui rentrait, filtré par le coton, n'entraînait plus de particules avec lui. Au début de l'expérience la cloche était remplie de matière flottante; au bout d'une demi-heure elle était optiquement vide.

Sur la base en bois d'une cloche cubique en verre mesurant 11 1/2 pouces de côté, on plaça des supports verticaux et, d'un des supports à l'autre, on étendit sur quatre lignes parallèles 38 pouces de fil de platine. Les extrémités du fil furent soudées à deux forts fils de cuivre qui traversaient le support de la cloche et pouvaient se relier à une batterie. Comme dans la dernière expérience la cloche reposait sur du coton.

Le rayon qu'on y envoya, révéla de la matière en suspension. Le fil de platine fut alors chauffé au blanc. En cinq minutes la matière diminua sensiblement, en dix minutes elle fut totalement consumée.

L'oxygène, l'hydrogène, l'azote, l'acide carbonique, préparés de façon à en exclure toute particule flottante produisent, quand on les insuffle dans le rayon, l'obscurité de l'espace stellaire. Le gaz de houille agit de même. Une cloche ordinaire en verre, placée dans l'air avec son ouverture en dessous, laisse voir la trace du rayon qui la traverse. Quand on y introduit du gaz de houille ou de l'hydrogène par un tube débouchant près du sommet, le gaz la remplit peu à peu, du haut en bas.

Aussitôt qu'il occupe l'espace traversé par le rayon, la trace lumineuse disparait. En soulevant la cloche de façon à reporter la limite commune de l'air et du gaz au-dessus du rayon, la trace jaillit brusquement. Si on retourne le réflecteur quand il est plein, le gaz pur s'élève comme une fumée noire à travers les particules illuminées.

II

LA THÉORIE DES GERMES DANS LES MALADIES CONTAGIEUSES.

Notre contact avec la matière flottante de l'air est incessant et il est étonnant, non pas que nous souffrions accidentellement de sa présence, mais plutôt qu'une partie aussi minime et rarement répandue sur des espaces considérables, se montre mortelle à l'homme. Et cette partie, quelle est-elle? L'opinion répandue naguère était que les maladies épidémiques sont généralement propagées par une sorte de malaria, formée de matière organique en état de décomposition active; cette matière pénétrant dans le corps par les poumons, la peau ou l'estomac, aurait le pouvoir d'y étendre le mode de destruction dont elle-même est atteinte. Une semblable action s'exerçait visiblement dans la levûre. On voyait qu'un peu de cette levûre faisait lever toute la masse, qu'une tache à peine visible, en cet état supposé de décomposition paraissait susceptible de propager indéfiniment sa propre pourriture. Pourquoi une parcelle de malaria infectieuse n'agirait-elle pas de la même façon sur l'organisme humain? En 1836 cette question trouva une réponse bien étonnante. Cette année Cagniard de la Tour découvrit la plante levûre, organisme vivant qui, placé dans un milieu convenable, se nourrit, croît, se reproduit et donne ainsi naissance à ce que nous appelons fermentation. Cette étonnante découverte rattacha la fermentation aux lois de la croissance organique.

Presque en même temps, Schwann de Berlin découvrit de son côté la plante levûre; en février 1837 il annonça aussi ce résultat important qu'une infusion d'aliment strictement soustraite à l'air ordinaire et uniquement fournie d'air calciné, n'était jamais atteinte par la corruption. Il put donc affirmer que la putréfaction était causée non par l'air lui-même, mais par quelque chose qu'on pouvait détruire par une

température suffisamment élevée. Les résultats de
Schwann furent confirmés par les expériences indé-
pendantes de Helmholtz, Ure et Pasteur; d'autres
méthodes, poursuivies par Schultze et par Schroëder
et Dusch, conduisirent au même résultat. Mais en ce
qui regarde la fermentation, les chimistes, influencés
probablement par la grande autorité de Gay-Lussac,
se rejetèrent sur l'ancienne notion de la matière en
décomposition. Cette opinion fut finalement ruinée
par Pasteur. Il prouva que les ferments réels étaient
des êtres organisés qui trouvaient dans les ferments
supposés leur nourriture nécessaire.

Côte à côte avec ces recherches et ces découvertes,
fortifiée par elles et par d'autres encore, s'est déve-
loppée la *théorie des germes* dans les maladies épidémiques. Kircher exprima l'idée, soutenue par Linné,
que les maladies épidémiques pouvaient être dues à
des germes qui flottent dans l'atmosphère et pénè-
trent dans le corps en y produisant des troubles dus
au développement de la vie parasitaire. La force de
cette théorie repose sur le parallélisme parfait des
phénomènes des maladies contagieuses avec ceux de
la vie. De même qu'un gland, mis en terre, donne
naissance à un chêne capable de produire toute une
récolte de glands dont chacun est doué du pouvoir
de reproduire l'arbre dont il est sorti, de même que
de cette façon une forêt entière peut avoir pour origine
une semence unique, ainsi, prétend-on, les maladies
épidémiques plantent littéralement leurs semences, se
développent et répandent de nouveaux germes. Ceux-
ci rencontrant dans le corps humain la nourriture et
la température convenables, prennent finalement pos-

session de populations entières. Il n'est rien en chimie pure, à ma connaissance, qui ressemble à cette propriété d'auto-reproduction possédée par la matière qui produit les maladies épidémiques. Si vous semez du froment, vous n'obtiendrez pas de l'orge; si vous semez de la petite vérole, vous n'obtiendrez pas de la fièvre scarlatine, mais de la petite vérole indéfiniment multipliée, et rien d'autre. La matière de chaque maladie contagieuse se reproduit aussi invariablement que le ferait un chien ou un chat.

III

MALADIES PARASITAIRES DES VERS A SOIE. RECHERCHES DE M. PASTEUR.

Il est admis par tout le monde que certaines maladies sont le produit d'un développement parasitaire. L'existence de maladies de ce genre a été démontrée tant chez l'homme que chez des êtres moins élevés. Je puis vous décrire une affection épidémique de cette espèce, soigneusement étudiée et combattue avec succès par M. Pasteur.

Pendant quinze ans un fléau s'est abattu sur les vers à soie français. Ils dépérissaient et mouraient par multitudes et ceux qui parvenaient à filer leurs cocons ne fournissaient qu'une fraction de la quantité de soie normale. En 1853 la culture de la soie en France produisait un revenu de 130 millions de francs. Pendant les vingt années précédentes le revenu avait doublé et l'on ne doutait pas de son accroissement futur. Le poids des cocons produits était en 1853 de 26 millions de kilogrammes; en 1865, il était tombé à 4 millions et cette chute représentait pour une seule année une perte de 100 millions de francs.

Le pays le plus frappé par cette calamité comptait parmi ses enfants le célèbre chimiste Dumas, aujourd'hui secrétaire perpétuel de l'Académie des sciences. Il s'adressa à Pasteur, son ami, son collègue et son élève, et le pria, avec une insistance que les circonstances rendaient presque personnelle, d'entreprendre l'étude de la maladie. Pasteur, à cette époque, n'avait jamais vu un ver à soie et il allégua son inexpérience. Mais Dumas connaissait trop bien les qualités requises pour une telle enquête, pour se payer de ces raisons.

« Je mets, dit-il, un prix extrême à voir votre atten-
« tion fixée sur la question qui intéresse mon pauvre
« pays; la misère surpasse tout ce que vous pouvez
« imaginer. » Le public était inondé de brochures sur le fléau; à de rares intervalles, une publication plus ou moins utile tranchait sur la monotonie de tout ce papier perdu. « La pharmacopée du ver à soie, écrivait
« M. Cornalia en 1860, est aujourd'hui aussi compli-
« quée que celle de l'homme. Gaz, liquides et solides
« ont été mis à contribution. De la chlorine à l'acide
« sulfureux, de l'acide nitrique au rhum, du sucre au
« sulfate de quinine, tout a été invoqué en faveur de
« ce malheureux insecte. »

Les éducateurs désespérés, cependant, accueillaient avec une confiance empressée chaque remède nouveau, pourvu qu'on le leur présentât avec une hardiesse suffisante. Il semblait impossible d'affaiblir leur confiance aveugle en des guides aveugles.

En 1863, le ministre de l'agriculture accorda un subside de 500 000 francs pour l'emploi d'un remède que son promoteur déclarait infaillible. Il fut essayé dans douze départements différents et se trouva parfaitement inutile. Il ne réussit dans aucun cas. Ce fut dans ces circonstances que M. Pasteur, cédant aux instances de son ami, se rendit à Alais au commencement de juin 1865. C'était le département où la culture de la soie avait le plus d'importance ; c'était aussi le plus éprouvé par le fléau.

Le ver à soie avait été précédemment attaqué par la *muscardine*, maladie causée, comme le prouva Bassi, par un parasite végétal. Quoique non héréditaire, cette maladie se perpétuait d'une année à l'autre par les spores parasitaires. Transportés par le vent, ces spores semaient souvent la maladie dans des lieux fort éloignés du centre d'infection. Aujourd'hui la muscardine est, dit-on, devenue très-rare, mais une maladie plus pernicieuse a pris sa place. Un signe extérieur fréquent de cette dernière sont les taches noires qui couvrent les vers à soie. De là le nom de *pébrine* donné pour la première fois au fléau par M. de Quatrefages et adopté par Pasteur. La pébrine révèle sa présence par la croissance bornée et inégale des vers, par la langueur de leurs mouvements, par leur indifférence pour la nourriture, par leur mort prématurée. Voici l'historique des découvertes concernant l'épidémie. En 1849, Guérin Méneville remarqua dans le sang des vers à soie des corpuscules vibratoires qu'il supposa doués d'une vie indépendante. Filippi montra son erreur et prouva que le mouvement observé n'était que le mouvement de Brown, bien connu, mais il commit lui-même l'erreur de supposer que les corpuscules étaient normaux à la vie de l'insecte. Ils sont en réalité la cause de sa mortalité, la forme et la substance de sa maladie. Ce fait fut bien établi par Cornalia. Plus tard, Lebert et Frey trouvèrent les corpuscules non seulement dans le sang, mais dans tous les tissus de l'insecte. Osinio, en 1857, les découvrit dans les œufs, et Vittadiani fonda sur cette observation, en 1859, une méthode pratique pour distinguer les œufs sains des œufs malades. L'épreuve lui fut souvent défavorable et ne fut jamais tentée en grand.

Les corpuscules vivants prennent possession du canal intestinal et s'étendent de là à travers tout le corps du ver. Ils remplissent les cavités à soie et l'insecte frappé exécute souvent automatiquement les mouvements du filage sans avoir aucune matière à travailler. Ses organes, au lieu d'être remplis du liquide clair et visqueux d'où sort la soie, sont encombrés à se distendre par les corpuscules. Pasteur fixa toute son attention sur ce caractère du fléau. Le cycle vital du ver à soie est en quelques mots celui-ci : De l'œuf fécond sort le petit ver qui grandit et perd sa peau. Cette mue se répète deux ou trois fois pendant la vie de l'insecte. Après la dernière mue, le ver gagne les branches disposées pour le recevoir et file son cocon au milieu d'elles. Il passe ainsi à l'état de chrysalide, la chrysalide devient papillon, et le papillon, mis en liberté, dépose les œufs qui forment le point de départ d'un nouveau cycle. Pasteur prouva que les corpuscules pouvaient débuter dans l'œuf et

échapper à la vue, comme aussi germer dans le ver
et défier le microscope. Mais à mesure que le ver
grossit, les corpuscules grossissent également, deviennent plus forts et mieux définis. Dans la chrysalide âgée ils sont plus prononcés que dans le ver ;
ils apparaissent infailliblement dans le papillon et s'y
découvrent sans difficulté, du moment que l'œuf ou le
ver originaire a été frappé.

Ce fut là le premier point important établi par Pasteur, en 1865. Les naturalistes italiens, comme on l'a
vu, préconisaient l'examen des œufs avant l'incubation. Pasteur prouva que des œufs et des vers souillés
pouvaient échapper à l'examen et servir à augmenter
le désastre. Il fit du papillon le point de départ de
ses essais pour régénérer la race. Sa première communication sur ce sujet fut présentée à l'Académie
des sciences en 1865 et souleva une nuée de criti-
ques. Un chimiste ne s'avisait-il pas, en vérité, de
quitter son métier pour essayer de faire la loi aux
physiciens et aux biologistes sur un sujet qui leur ap-
partenait en propre ! « On trouva étrange, dit-il, que
« je fusse si peu au courant de la question, et on
« m'opposa des travaux qui avaient paru depuis long-
« temps en Italie, dont les résultats, disait-on, mon-
« traient l'inutilité de mes efforts et l'impossibilité
« d'arriver à un résultat pratique dans la direction où
« je m'étais engagé. Que mon ignorance fût grande
« au sujet des recherches sans nombre qui avaient
« paru depuis quinze années que durait la maladie,
« rien n'était plus vrai, et j'en ai dit assez les motifs
« dans la préface de cet ouvrage pour que je sois dis-
« pensé d'y revenir. »

Pasteur subit l'orage et continua son œuvre. Les éleveurs choisissaient les œufs destinés à l'incubation parmi les produits des éducations heureuses de l'année. Aussi ne pouvaient-ils comprendre les fréquents désastres qui frappaient ces œufs choisis. Ils ignoraient, et personne avant Pasteur n'avait pu leur apprendre, que les plus beaux cocons pouvaient contenir des papillons atteints de corpuscules. Il ne fut cependant pas facile de faire accepter aux éducateurs une direction nouvelle. Pour frapper leur imagination et réagir autant que possible sur leur pratique, Pasteur se fit prophète. En 1866, il examina à Saint-Hippolyte-du-Fort quatorze paquets différents d'œufs destinés à l'incubation. Après avoir inspecté en nombre suffisant les papillons qui produisaient ces œufs, il écrivit la prédiction de ce qui arriverait en 1867 et la remit sous pli cacheté entre les mains du maire de Saint-Hippolyte.

En 1867, les éleveurs communiquèrent leurs résultats au maire. On ouvrit alors la lettre de Pasteur, on en donna lecture et l'on trouva que pour douze des quatorze cas, il y avait conformité absolue entre sa prédiction et les faits observés. Beaucoup de groupes avaient totalement péri, les autres avaient péri en grande partie : c'était ce qu'avait prédit Pasteur. Dans deux des cas, au lieu de la destruction prédite, on avait obtenu une demi-récolte moyenne. Les paquets dont il est ici question étaient considérés comme sains par leurs propriétaires. On avait soigné et surveillé leur éclosion dans le ferme espoir que le travail qu'on leur consacrait se montrerait rémunérateur. Un court examen des papillons en 1866 eût épargné tout ce travail et tout ce désappointement. Deux autres paquets d'œufs furent à la même époque soumis à Pasteur. Il les déclara sains et ses paroles furent confirmées par une récolte excellente. L'ouvrage de Pasteur rapporte d'autres cas de prophétie encore plus remarquables, parce qu'ils sont plus détaillés.

Pasteur soumit le développement des corpuscules à une investigation minutieuse ; il étudia avec une habileté et un succès parfaits les divers modes de propagation du fléau. Ayant obtenu des vers sains à l'aide de papillons complétement privés de corpuscules, il en choisit 10, 20, 30, 50, suivant le cas, et y introduisit la matière corpusculaire. Il la mélangea d'abord à la nourriture. Prenons un seul exemple entre tous. Il fit tremper un petit ver malade dans de l'eau et répandit la décoction sur des feuilles de mûrier. Après s'être assuré que les feuilles avaient été mangées, il en attendit les conséquences de jour en jour. Aux côtés des vers infectés, il éleva leurs pareils, en les préservant soigneusement de la contagion. Il se forma ainsi un « témoin, » un étalon de comparaison. Le 16 avril 1868, il inocula de cette façon 30 vers. Ils restèrent intacts jusqu'au 23. Le 25, ils semblaient encore bien portants, mais on trouva des corpuscules dans les intestins de deux d'entre eux. Le 27, onze jours après le repas infecté, on examina deux nouveaux vers ; non seulement le canal intestinal était envahi, mais l'organe à soie lui-même était chargé de corpuscules. Le 28, les 26 vers qui restaient étaient couverts des taches noires de la pébrine.

Le 30, la différence entre les vers infectés et non

infectés était vraiment frappante ; les vers malades n'avaient pas plus des deux tiers du volume des vers sains. Le 2 mai, on examina un ver qui venait de finir sa quatrième mue. Tout son corps était si bien rempli de parasites qu'on s'étonnait qu'il pût vivre. La maladie avançait, les vers moururent et furent examinés ; le 11 mai, il n'en restait que six sur les trente. C'étaient les plus forts de tous, mais on les trouva également remplis de corpuscules. Pas un seul des 30 vers n'avait échappé au mal ; un seul repas les avait tous empoisonnés.

Les vers étalons, au contraire, filèrent de beaux cocons. Deux papillons seulement continrent des traces de parasites, qui s'étaient sans doute introduits pendant l'élevage des vers.

Le besoin de précision augmentait chez Pasteur en même temps que sa connaissance du sujet, et il finit par compter le nombre croissant des corpuscules découverts chaque jour dans le champ du microscope. Après un repas contagieux le nombre des vers contenant le parasite augmentait graduellement jusqu'à devenir égal à cent pour cent. Le nombre de corpuscules s'élevait en même temps de 0 à 1, à 10, à 100, parfois même à 1,000 ou 1,500 dans le champ de son microscope. Pasteur fit alors varier le mode d'infection, en inoculant des vers sains avec la matière corpusculeuse, et il étudia le développement de la maladie. Il prouva que les vers s'inoculent l'un l'autre à l'aide de blessures visibles produites par leurs pinces. Ayant lavé ces pinces à diverses reprises, il trouva des corpuscules dans l'eau. Ce fait démontrait que l'infection pouvait se propager par la simple association des vers sains et des vers malades, ces derniers répandant l'infection à l'aide de leurs pinces et de leurs déjections. Ce n'était pas un milieu infecté hypothétique, ni un gaz pathogénique supposé qui tuait les vers, mais bien un organisme défini. La question de l'infection à distance fut aussi examinée et son existence démontrée. Comme le faisaient prévoir les antécédents de Pasteur, ses investigations furent concluantes; l'habileté et la beauté de ses expériences trouvèrent de puissants auxiliaires dans la force et la clarté de sa pensée.

La citation suivante de l'ouvrage de Pasteur montre clairement la relation étroite qui existe entre ses recherches et l'importante question où il se trouvait engagé.

« Placez, en effet, l'éducateur le plus habile, même
« le micrographe le plus exercé, en présence de gran-
« des éducations qui offriront les mêmes symptômes
« que nos quatrième, cinquième et sixième expérien-
« ces, son jugement sera nécessairement erroné s'il
« se borne aux connaissances qui ont précédé mes
« recherches. Les vers ne lui présenteront pas la
« plus légère tache de pébrine; le microscope n'ac-
« cusera pas l'existence des corpuscules; la mortalité
« des vers sera nulle ou insignifiante; les cocons ne
« laisseront rien à désirer. Notre observateur devrait
« donc conclure, sans hésitation, que l'éducation est
« bonne pour graine. La vérité est, au contraire, que
« tous les vers de ces belles récoltes sont empoisonnés
« et qu'à son insu ils portent en eux le germe de la
« maladie, prêt à se multiplier outre mesure dans les
« chrysalides et les papillons, pour passer de là dans

« les œufs et aller frapper de stérilité la génération
« prochaine. Et quelle est la cause première de ce
« mal caché sous des dehors si trompeurs? Dans nos
« expériences, nous pouvons la toucher du doigt pour
« ainsi dire : elle est tout entière dans les effets d'un
« seul repas corpusculeux, effets plus ou moins
« prompts, plus ou moins dangereux, suivant l'épo-
« que de la vie du ver à laquelle ce repas a été
« donné. »

Pasteur décrit en détail sa méthode pour se procurer des œufs sains. Ce n'est rien autre que le
moyen de rendre à la France son ancienne production de soie. On trouvera la justification de son œuvre
dans les rapports qu'on lui adressa sur l'application
et les succès incomparables de sa méthode. pendant
qu'il préparait la publication définitive de ses recherches. En France et en Italie, cette méthode donna les
résultats les plus surprenants. Ce ne fut toutefois pas
sans lutter qu'il obtint ce triomphe. « Depuis le commencement de ces recherches, dit-il, je n'ai cessé
d'être en butte aux contradictions les plus obstinées
et les plus injustes, mais je me suis fait un devoir de
ne laisser subsister dans ce livre aucune trace de ces
conflits. » En ce qui concerne les maladies parasitaires en général, il prononce ces paroles importantes :
« Il est au pouvoir de l'homme de faire disparaître
de la surface du globe les maladies parasitaires, si,
comme c'est ma conviction, la doctrine des générations spontanées est une chimère. »

Pasteur insiste sur la facilité avec laquelle une île,
comme la Corse, peut être absolument isolée de l'é-
pidémie des vers à soie. Pour ce qui concerne les

autres épidémies, M. Simon cite un cas extraordinaire d'exemption d'une île pendant dix ans, de 1851 à 1860. Sur les 627 districts d'Angleterre, un seul échappa entièrement aux maladies qui sévissaient dans tous les autres, sur tout ou partie de leur territoire. « Pendant ces dix ans ce district n'a pas eu un « cas mortel de rougeole, de petite vérole, de scarla- « tine. Et pourquoi? Ce n'est pas à cause de son mé- « rite sanitaire général car on y constatait une quan- « tité moyenne d'autres cas de maladie. La raison de « son impunité réside évidemment dans sa situation in- « sulaire. C'était le district des îles Scilly où il était fort « improbable qu'aucun contagium fébrile pût arriver « du dehors. L'impunité dont il jouit est une preuve « presque certaine, au moins pour ces dix années, « qu'aucun contagium de rougeole, aucun contagium « de scarlatine, aucun contagium de petite vérole ne « s'était produit spontanément dans ses limites. » On peut ajouter qu'il n'y a eu que 7 districts en Angleterre où n'ait été constaté aucun décès par diphtérite, et que le district des îles Scilly en faisait partie.

Une autre maladie des vers à soie appelée en France la *flacherie*, coexistant avec la pébrine, mais tout à fait distincte de celle-ci, a aussi été étudiée par Pasteur. Nous en avons toutefois dit assez pour pouvoir renvoyer le lecteur intéressé dans ces questions aux volumes originaux. M. Pasteur, dans une lettre adressée à moi-même, appelle l'attention sur un point important.

« Permettez-moi de terminer ces quelques lignes « que je dois dicter, vaincu que je suis par la mala-

« die, en vous faisant observer que vous rendriez ser-
« vice aux colonies de la Grande-Bretagne en répan-
« dant la connaissance de ce livre et des principes
« que j'établis touchant la maladie des vers à soie.
« Beaucoup de ces colonies pourraient cultiver le
« mûrier avec succès, et en jetant les yeux sur mon
« ouvrage vous vous convaincrez aisément qu'il est
« facile aujourd'hui, non-seulement d'éloigner la ma-
« ladie régnante, mais en outre de donner aux ré-
« coltes de la soie une prospérité qu'elles n'ont jamais
« eue. »

IV

ORIGINE ET PROPAGATION DE LA MATIÈRE CONTAGIEUSE.

Avant Pasteur, les opinions les plus diverses et les plus contradictoires étaient répandues sur le caractère contagieux de la pébrine; les uns l'affirmaient énergi-quement, les autres la niaient tout aussi énergiquement. Mais tous s'accordaient sur un point. « Ils croyaient à « l'existence d'un milieu délétère rendu épidémique « par quelque influence occulte et mystérieuse à la-« quelle était attribuée la cause de la maladie. » Les personnes au courant de notre littérature médicale ne manqueront pas d'observer ici une analogie instruc-tive. Nous avons, d'une part, des écrivains accomplis qui attribuent les maladies épidémiques à des « mi-lieux délétères » se révélant spontanément dans les hôpitaux encombrés et les égouts infects. Suivant eux la *matière* des maladies épidémiques se forme *de novo* dans une atmosphère putride. — D'autre part nous avons des écrivains clairs, vigoureux, aux idées et aux méthodes de recherches bien définies, qui prétendent que la matière produisant les maladies épidémiques provient toujours d'une souche génératrice. Elle se conduit comme un germe et ils n'hésitent pas à la considérer comme telle. Ils ne croient pas plus à la génération spontanée de ces maladies, qu'ils ne croient à la génération spontanée des souris. Pasteur, par exemple, trouve que la pébrine était connue depuis un temps indéfini comme une maladie des vers à soie. Le développement de l'affection qu'il combattit n'était que l'expansion d'une force déjà existante, — la conflagration soudaine d'un feu dormant. Il n'y a là rien d'étonnant. En effet, bien que la production des maladies épidémiques exige un contagium spécial, les conditions environnantes ont une influence puissante sur leur développement. Après une semaille bien faite, les conditions de température et d'humidité peuvent être telles, qu'elles restreignent ou arrêtent complétement le développement des germes. Envisagée, par conséquent, au point de vue de la théorie des germes, l'énergie exceptionnelle que déploient parfois les maladies épidémiques reste en harmonie avec les méthodes de la nature. Nous entendons quelquefois parler de la diphtérite comme d'une maladie nouvelle de ces vingt dernières années, mais M. Simon m'assure qu'il y a environ trois siècles de terribles épidémies de ce mal commencèrent à sévir en Espagne, où on l'appelait *garrotillo*, et bientôt après en Italie. Il ajoute que depuis cette époque la maladie est restée bien connue de toutes les générations de médecins. Ainsi, en 1758, le Dr Starr, de Liskeard, dans une communication à la Société royale, décrivit la maladie en détail, avec tous les caractères qui ont été récemment remis en évidence, mais en lui donnant le nom de *morbus strangulatorius;* il la représentait comme fortement épidémique en Cornouailles. Ce fait est des plus intéressants, car la diphtérite, lors de sa réapparition, a de nouveau manifesté sa prédilection pour ce comté reculé. Beaucoup de personnes croient aussi que la peste noire d'il y a cinq siècles a disparu aussi mystérieusement qu'elle était venue, mais à ce qu'assure M. Simon, on croit qu'elle règne à cette heure dans quelques régions du nord-ouest de l'Inde.

Permettez-moi d'ajouter un fait tiré de ma propre expérience. Comme je me trouvais l'an dernier au Bel Alp, le chapelain anglais reçut une lettre l'informant que la fièvre scarlatine venait d'éclater chez ses enfants. Il vivait, si je m'en souviens bien, sur l'éminence salubre de Dartmoor, et il était difficile de s'imaginer comment la fièvre scarlatine avait pu se transporter en cet endroit. Un égout longeait sa maison, et ses soupçons se portaient évidemment sur lui. Certains de nos écrivains médicaux confirmeraient cette idée, l'éloignant de la vérité, tandis que ceux d'une autre école refuseraient à un égout, si infect qu'il soit, le pouvoir de produire une maladie spécifique. Après une enquête attentive, le chapelain reconnut que son jeune fils s'était servi d'un cheval de bois après un autre enfant qui avait eu la fièvre scarlatine quelque temps auparavant.

Les égouts et les puisards ne sont plus, en somme, en aussi mauvaise odeur qu'ils l'étaient jadis. On voit de temps en temps à Londres, la fétidité de la Tamise coïncider avec une faible mortalité. En effet, si la matière spéciale ou les germes d'une affection épidémique sont absents, une atmosphère corrompue, quelque nuisible qu'elle puisse être autrement, ne produira pas cette affection. Mais si ces germes sont présents, les égouts et puisards défectueux deviennent les distributeurs puissants de la maladie et de la mort. Un air corrompu peut favoriser une maladie, mais ne peut la faire naître. D'un autre côté, grâce au transport du germe spécial ou virus, la maladie peut se développer dans des endroits où les égouts sont bons et l'atmosphère est pure.

Si vous voyez pousser un chardon dans votre champ, vous êtes sûr que sa semence y a été transportée. Il semble tout aussi sûr que la matière contagieuse de la maladie épidémique a été transplantée à l'endroit où elle apparait tout à coup. Le Dr William Budd a tracé avec une clarté et une netteté parfaites la marche de maladies de ce genre; il montre comment elles se plantent, à des foyers distincts, parmi les populations soumises aux mêmes influences atmosphériques, de la même façon qu'on sèmerait des grains de froment qu'on porterait dans sa poche. Hildebrand, dont l'ouvrage remarquable *Du typhus contagieux* m'a été signalé par le Dr de Mussy, rapporte ce cas frappant de la durée et du tranport du virus de la scarlatine :

« Un habit noir que j'avais en visitant une malade « attaquée de scarlatine, et que je portai de Vienne en

« Podolie, sans l'avoir mis depuis plus d'un an et
« demi, me communiqua, dès que je fus arrivé, cette
« maladie contagieuse, que je répandis ensuite dans
« cette province, où elle était jusqu'alors presque
« inconnue. »

Il y a quelques années, le Dr de Mussy lui-même
fut appelé dans une maison de campagne du Surrey,
auprès d'une jeune dame qui souffrait d'une hydropi-
sie provenant évidemment de la scarlatine. La maladie
originelle, d'un caractère très-bénin, avait échappé à
l'examen, mais certaines circonstances ne pouvaient
laisser aucun doute sur la nature et la cause du mal.
Mais alors cette question se posa : Comment la jeune
dame avait-elle gagné la scarlatine? Elle était arrivée
en visiteuse deux mois auparavant, et ce n'est qu'après
un mois de séjour dans la maison qu'elle était tombée
malade. Son hôte finit par éclaircir le mystère. La jeune
dame, à son arrivée, avait exprimé le désir d'occuper
une chambre dans une tour isolée. Son désir fut satisfait. Or, on avait logé dans cette chambre, six mois
auparavant, un visiteur pris d'une attaque de scarlatine. La chambre avait été nettoyée et badigeonnée,
mais les tapis y étaient restés.

On pourrait certainement citer des milliers de cas
où la maladie s'est révélée de cette façon mystérieuse,
mais où un examen attentif a retrouvé son origine et
sa filiation. Est-il donc philosophique de recourir au
concours fortuit des atomes pour expliquer une maladie spécifique, simplement parce que, dans des cas
spéciaux, la filiation peut paraître incertaine? Ceux-là
mêmes qui sont le plus familiarisés avec la nature
atomique, qui sont le mieux disposés à admettre en

des choses même plus élevées d'énergie potentielle
de la matière, seront les derniers à accepter cette
hypothèse téméraire.

V

APPLICATION DE LA THÉORIE DES GERMES
A LA CHIRURGIE.

La chirurgie suit l'exemple de la médecine et cher-
che aujourd'hui ses lumières et son guide dans la
théorie des germes. C'est sur cette théorie qu'est
fondé le système antiseptique du professeur Lister
d'Edimbourg. Comme nous l'avons déjà établi, la
théorie des germes dans la putréfaction fut proposée
par Schwann, mais les applications qu'en a faites le
professeur Lister sont d'une importance si générale
qu'elle justifie, qu'elle impose même leur insertion
dans ce discours.

« Les observations de Schwann, dit le professeur
« Lister, n'obtinrent pas toute l'attention qu'elles me
« parurent mériter. On concédait généralement que
« la fermentation du sucre était causée par le *torula*
« *cerevisiæ*, mais on n'admettait pas que la putré-
« faction fût due à une action analogue. Et cependant
« les deux cas présentent un parallèle vraiment frap-
« pant. Dans chacun d'eux, un composé chimique
« stable, le sucre d'un côté, l'albumine de l'autre,
« subit des changements chimiques extraordinaires
« sous l'influence d'une quantité excessivement mi-

« nime d'une substance qu'au point de vue chimique
« nous supposerions inerte. Prenons pour exemple
« un cas souvent observé dans le traitement des grands
« abcès chroniques. Pour éviter l'accès de l'air, nous
« avons l'habitude d'enlever la matière à l'aide d'une
« canule et d'un trocart comme ceux que vous voyez
« ici, consistant en un tube d'argent muni à l'intérieur
« d'une verge d'acier acérée, qui le dépasse. L'instru-
« ment, après avoir été plongé dans l'huile, est in-
« troduit dans la cavité de l'abcès, le trocart se retire
« et le pus s'écoule par la canule; on a soin, par une
« pression douce sur la partie malade, d'empêcher la
« regurgitation. On retire alors la canule en prenant
« des précautions contre la rentrée de l'air. Cette mé-
« thode s'emploie souvent avec succès, quant à son
« but immédiat; le patient est délivré de la masse de
« fluide accumulée et ne subit aucun inconvénient
« de l'opération. Seulement presque toujours le pus
« se renouvelle et il devient nécessaire de la répéter
« de temps en temps. Malheureusement aussi on n'est
« pas toujours à l'abri des complications. Quelque soi-
« gneusement que soit conduite l'opération il arrive
« parfois, même lorsque la ponction semble guérir
« par première intention, que des symptômes fébriles
« se déclarent dans le cours du premier ou du second
« jour; en examinant le siége de l'abcès, on voit la
« peau rouge, indiquant la présence d'une cause quel-
« conque d'irritation, en même temps que se produit
« une accumulation nouvelle et rapide du fluide pu-
« rulent. Dans ces circonstances, quand une quantité
« de pus considérable par rapport au volume de
« l'abcès, le quart par exemple, s'est échappée et dé-

« cèle la putréfaction par son odeur fétide, il devient
« nécessaire de pratiquer l'incision franche.

« Maintenant, comment se produit ce changement?
« Sans la théorie des germes, j'ose le dire, on ne
« pourrait donner aucune explication rationnelle du
« fait. Il doit être causé par un agent extérieur. L'in-
« flammation de la blessure sondée, en supposant
« qu'elle se soit produite, n'expliquerait pas le phé-
« nomène. En effet, l'inflammation simple, aiguë ou
« chronique, tout en occasionnant la formation du pus
« n'entraîne pas la putréfaction. Le pus évacué à
« l'origine est parfaitement doux et nous ne connais-
« sons rien qui puisse expliquer son changement de
« qualité, sinon l'influence de quelque chose issue du
« monde extérieur. Et que peut être cette chose? Le
« bain d'huile pris par l'instrument, les autres pré-
« cautions, empêchent l'entrée de l'oxygène. En ad-
« mettant même l'introduction de quelques atomes de
« ce gaz, ce serait une grande présomption de croire
« qu'en un temps si court, ils puissent amener de tels
« changements dans une si grande masse de matière
« albumineuse. En outre, le tissu pyogénique est abon-
« damment pourvu de vaisseaux capillaires traversés
« continuellement par le sang artériel, riche en
« oxygène, et on peut douter que le pus, avant d'être
« évacué, subisse une action que l'élément morbide
« pourrait exercer sur lui.

« L'apparition de la putréfaction dans ces circons-
« tances est donc tout à fait inexplicable par la théorie
« de l'oxygène. Si vous admettez la théorie des germes
« la difficulté disparaît aussitôt. La canule et le trocart
« étant restés exposés à l'air, de la poussière se sera

« déposée sur eux, dans l'intervalle qui sépare le
« trocart du tube d'argent; protégée par cette situa-
« tion, elle échappera à l'essuyage quand l'instrument
« s'engagera dans les tissus. Le trocart retiré, quel-
« ques parcelles de cette poussière resteront naturelle-
« ment sur le bord de la canule qui demeure enfoncée
« dans l'abcès et rien n'est plus vraisemblable que ces
« particules, détachées par le pus qui s'écoule, se dé-
« layent quand le tube est enlevé et demeurent dans
« la cavité. La théorie des germes nous dit que ces
« particules de poussière contiennent presque sûre-
« ment le germe d'organismes putréfiants, et si l'un
« d'eux reste dans le liquide albumineux, il se déve-
« loppera rapidement grâce à la haute température
« du corps, et expliquera tout le phénomène.

« Mais si frappant que soit le parallèle entre cette
« putréfaction et la fermentation vineuse, au point de
« vue de la grandeur de l'effet produit comparé à la
« petitesse et à l'inertie chimique de la cause, vous
« exigerez sans doute des preuves nouvelles de la
« similitude des deux procédés. Vous pouvez voir au
« microscope le *torula* du moût ou de la bière en fer-
« mentation. Y a-t-il, demanderez-vous, quelque or-
« ganisme à découvrir dans le pus putréfié? Oui, Mes-
« sieurs, il s'en trouve. En examinant avec un bon
« verre une goutte de la matière putride, on découvre
« qu'elle regorge de myriades de petits corps articulés
« appelés vibrions, qui démontrent à l'évidence leur
« vitalité par l'énergie de leurs mouvements. Ce n'est
« pas une probabilité, mais un fait que cette masse de
« pus dont nous parlions, s'est peuplée d'organismes
« vivants à la suite de l'introduction de la canule et du

2.

« trocart; en effet la matière évacuée d'abord était aussi
« privée de vibrions qu'exempte de putréfaction. S'il
« en est ainsi, la grandeur des changements chimiques
« survenus cesse de surprendre. Nous savons qu'une
« des propriétés principales des organismes vivants
« est de posséder à un degré extraordinaire le pouvoir
« d'effectuer des changements chimiques dans les
« matériaux à leur portée, changements hors de toute
« proportion avec leur énergie comme simples com-
« posés chimiques. Nous ne pouvons guère douter
« que les animalcules qui se sont développés dans le
« liquide albumineux et qui ont crû à ses dépens, n'al-
« tèrent sa composition comme nous altérons nous-
« même celle des matières qui nous servent d'ali-
« ments [1]. »

Le professeur Lister, dans ses opérations, s'efforce
de défendre toutes les parties mises à nu contre le contact des germes et détruit ceux-ci s'ils viennent à tomber sur la blessure. Dans ce but, il fait tomber sur les
surfaces exposées de la plaie, une pluie d'acide phénique dilué, particulièrement mortel aux germes, et il
entoure très-soigneusement la blessure de bandages
antiseptiques. Pour ceux qui sont accoutumés aux
expériences rigoureuses, il est évident que nous avons
en lui un expérimentateur rigoureux, un homme dont
le but est parfaitement distinct et qui le poursuit avec
une patience infatigable et une foi inébranlable. Le
résultat en a été que dans sa clinique, comme il l'a
lui-même raconté, au milieu d'horreurs trop repous-
santes pour être ici décrites, à côté de services où la

____

1. Discours d'introduction à l'Université d'Edimbourg.

pyoémie, l'érésipèle et la gangrène d'hôpital décimaient les malades, il a pu soustraire entièrement ses sujets à ces terribles fléaux. Permettez-moi de recommander à votre attention le « discours d'introduction » du professeur Lister à l'université d'Edimbourg, son travail sur « l'effet du système de traitement antiseptique sur la salubrité d'un hôpital de chirurgie » et l'article du *British medical Journal* du 14 janvier 1871.

Si au lieu d'employer une pluie d'acide phénique, il pouvait entourer ses blessures d'air soigneusement filtré, le résultat serait, prétend-il, le même. Dans une salle où non-seulement les germes flottent, mais s'attachent aux vêtements et aux murailles, la chose serait difficile, sinon impossible.

Mais la chirurgie connaît une classe de blessures où le sang se mêle librement à l'air qui a traversé les poumons, et c'est un fait très-remarquable que cet air ne puisse produire de putréfaction.

Le professeur Lister fut, si je ne me trompe, le premier à donner une interprétation philosophique de ce fait, qu'il décrit et commente ainsi :

« Je me suis rendu compte d'un fait remarquable
« qu'on observe quelquefois dans les fractures sim-
« ples des côtes ; si le poumon est déchiré par un
« fragment, le sang qui se répand dans la cavité
« pleurale, bien que mélangé librement à l'air, ne
« subit pas de décomposition. L'air est parfois aspiré
« en si grande abondance dans la cavité pleurale
« qu'il s'ouvre un chemin par la blessure jusqu'à la
« plèvre costale et finit par enfler le tissu cellulaire de
« tout le corps. Ces accidents n'alarment pas le chi-
« rurgien qui n'ignore pas pourtant que, si le sang de

« la plaie venait à se putréfier, il s'ensuivrait infailli-
« blement une pleurésie suppurative dangereuse. C'é-
« tait pour moi un mystère complet, avant que je ne
« connusse la théorie des germes, de comprendre
« pourquoi l'air introduit dans la cavité pleurale à
« travers un poumon blessé, pouvait avoir des qua-
« lités entièrement différentes de celles de l'air qui
« pénètre directement dans la poitrine par une bles-
« sure. Il me parut dans la suite tout à fait naturel que
« l'air fût débarrassé de ses germes par son passage
« dans les canaux aériens dont l'une des fonctions est
« d'arrêter les poussières inhalées et de les empêcher
« de pénétrer dans les cellules. »

J'aurai l'occasion de revenir sur cette remarquable
hypothèse.

Les défenseurs de la théorie des germes, dans la
putréfaction et la maladie épidémique, estiment que
toutes deux proviennent, non de l'air lui-même, mais
de quelque chose de contenu dans l'air. Ils croient de
plus que ce quelque chose n'est ni une vapeur, ni
un gaz, ni une molécule, mais une *particule* [1]. Le
terme de particule a été employé dans les rapports
de la section médicale du Conseil privé pour dési-
gner cet état supposé de la matière contagieuse, et
les expériences du docteur Sanderson rendent excessivement probable, sinon évident, l'état « particulaire »

---

1. Quant au volume, il n'est probablement pas de ligne de
division bien précise entre la molécule et la particule ; elles
se fondent l'une dans l'autre. La distinction que je voudrais
établir est celle-ci : l'atome, ou la molécule, en liberté, est
toujours une portion d'un gaz, la particule ne l'est jamais.
Une particule est une parcelle de liquide ou de matière solide,
formée par l'aggrégation des atomes ou des molécules.

du virus de la petite vérole. La connaissance précise
de ce fait est d'une importance extrème, car certaines méthodes de traitement, applicables *aux particules*, ne seraient d'aucune utilité pour les *molécules*.

VI

APPLICATION DES RAYONS LUMINEUX AUX RECHERCHES.

Mon intervention dans cette grande question, sanc-
tionnée par des noms éminents, a été aussi l'objet
d'attaques variées et ingénieuses. Je ne dirai qu'un
mot à ce sujet. Quand la colère, au lieu de s'abriter
derrière l'intelligence, où elle peut être utile comme
stimulant, vient se mettre en travers de celle-ci, elle
peut donner lieu à toute espèce d'illusions. Ainsi,
mes censeurs ont pour la plupart dirigé leurs attaques
contre des positions que je n'ai jamais prises, contre
des prétentions que je n'ai jamais élevées. Voici toute
l'histoire de la question.

Pendant l'automne de 1868 j'étais fort occupé des
observations rapportées au commencement de ce discours. Je m'étais servi pendant quinze ans de la poussière flottante pour révéler le passage des rayons
lumineux dans l'air, mais jusqu'en 1868, je n'avais
jamais eu l'idée de renverser le procédé et d'employer
le rayon lumineux pour découvrir et étudier la poussière. Dans une note présentée à la Société Royale en
décembre 1869, les observations qui me conduisirent
à donner une attention plus spéciale à la question de

la génération spontanée et à la théorie des germes dans les maladies épidémiques, sont ainsi rapportées.

La matière flottante de l'air.

Antérieurement à la découverte de l'action de la lumière sur les vapeurs, et aussi pendant les expériences dont je viens de parler, la nature de mon travail m'obligea à chercher le moyen d'obtenir des tubes d'expériences aux parois absolument propres, et absolument privés de matières en suspension. Aucune de ces conditions ne s'obtient d'ailleurs facilement.

En effet, si bien lavés et polis que fussent les tubes, si brillants et si transparents qu'ils pussent paraître à la lumière du jour, le rayon électrique y décelait infailliblement des marques d'impureté. L'air étant toujours présent, on pouvait être certain qu'il déposerait quelque saleté. Toutes les opérations chimiques non conduites dans le vide sont sujettes à cet inconvénient. Tant que le tube d'expérience restait vide, il ne montrait aucune trace de matière flottante, mais dès qu'on admettait l'air par les tubes en U, contenant de la potasse caustique et de l'acide sulfurique, un cône de poussière plus ou moins distinct apparaissait toujours dans le rayon électrique fortement condensé.

Les parcelles flottantes ressemblaient à des particules de liquide qui auraient été entraînées mécaniquement des tubes en U dans le tube d'expérience. On prit donc des précautions pour prévenir tout transport de ce genre, mais sans grand résultat. Je ne m'imaginais pas à cette époque que la poussière de l'air extérieur pût ainsi se frayer un libre passage à travers la potasse caustique et l'acide sulfurique. C'était pourtant le cas ; les parcelles venaient réellement du dehors. Elles passaient non moins librement à travers une série d'éthers et d'alcools. Il faut une action prolongée de l'acide pour *mouiller* les parcelles d'abord et puis pour les détruire. En faisant passer l'air avec précaution à travers la flamme d'une lampe à alcool ou par un tube de platine chauffé au rouge brillant, la matière était en grande partie détruite. C'était donc de la matière combustible, en d'autres termes, *organique*. J'essayai de l'intercepter à l'aide d'un grand respirateur à coton. Pour que celui-ci fût efficace, il fallait une forte pression. On trouva, en fin de compte, qu'un tampon de coton, fortement tassé dans le tube où passait l'air, était capable d'arrêter les particules. Elles apparurent encore de temps en temps par la suite et me causèrent beaucoup d'embarras, mais elles étaient toujours dues à quelque défaut de l'appareil purificateur, à quelque fissure de la cire à cacheter dont on se servait pour rendre le tube imperméable à l'air. Aussi avec des précautions suffisantes, après une recherche minutieuse des défauts de l'appareil, le tube d'expérience, même quand il est rempli d'air ou de vapeur, ne contient rien qui puisse disperser la lumière. L'espace qu'il limite a l'aspect du vide absolu. Je donne à un tube d'expérience dans ces conditions l'épithète d'*optiquement vide*.

L'appareil fort simple employé dans ces expériences se comprendra aussitôt à l'aide de la figure de la page 37. SS' est le tube d'expérience en verre dont la longueur a varié de 1 à 5 pieds, et qui peut avoir de 2 à 3 pouces de diamètre. Au delà de S, le tuyau *pp'* est relié à une pompe à air. Reliée à l'autre extrémité S' nous avons l'éprouvette F contenant le liquide dont la vapeur doit être examinée ; viennent alors deux tubes en U, le premier T rempli de morceaux de verre bien propres, arrosés d'acide sulfurique, le second T contenant des fragments de marbre imbibés de potasse caustique, et enfin un tube droit étroit *tt'* renferment un tampon de coton suffisamment bien adapté. Pour préserver l'indicateur de la pompe à air de l'attaque des vapeurs capables d'agir sur le mercure, et aussi pour faciliter l'observation, on employait un tube barométrique séparé.

Deux tubes de verre *a* et *b* traversent à fermeture hermétique le bouchon de l'éprouvette F. Le tube *a* s'arrête immédiatement au-dessous ; le tube *b*, au contraire, descend jusqu'au fond de l'éprouvette et plonge dans le liquide. Son extrémité est effilée de façon à rétrécir l'orifice par où l'air s'échappe dans le liquide.

Une fois que le tube d'expérience SS' est épuisé, on tourne doucement le robinet qui se trouve en S'. L'air traverse successivement avec lenteur le coton, la potasse caustique et l'acide sulfurique. Ainsi purifié il pénètre dans l'éprouvette F, en barbotant dans le liquide. Chargé de vapeurs, il passe enfin dans le tube d'expérience où il est soumis à l'examen. Une lampe électrique, placée à l'extrémité du tube, fournit le rayon nécessaire.

Les faits imposés de la sorte à mon attention avaient une trop haute portée pour être négligés.

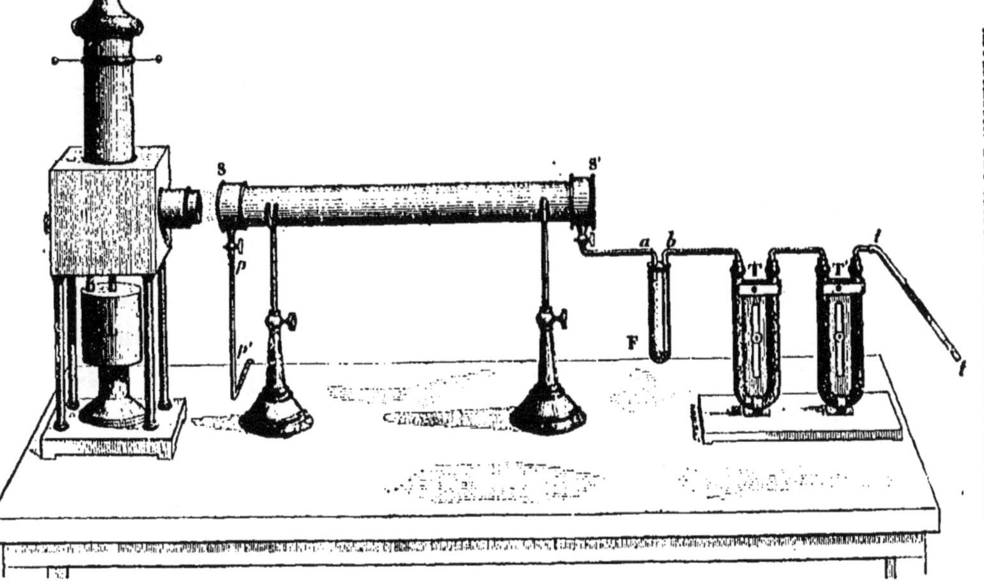

Fig. 1.

Schrœder et Pasteur avaient démontré que l'air filtré sur du coton devenait impuissant à engendrer la vie animalculaire ; ici, la raison de son impuissance éclatait aux yeux. L'expérience prouvait qu'aucune quantité sensible de lumière n'était dispersée par les *molécules* de l'air, que la lumière dispersée provenait toujours des *particules* suspendues, et le fait que l'enlèvement de ces dernières abolissait simultané-ment le pouvoir de disperser la lumière et celui d'engendrer la vie, dépouillait évidemment l'air de ce dernier pouvoir pour en douer quelque chose de suspendu dans l'air. Des gaz de toute nature passaient librement à travers le coton ; il en résultait que cette chose dont la disparition rendait l'air· impuissant ne pouvait être elle-même une matière à l'état gazeux. Il me sembla alors que la rétine, protégée comme elle l'était dans ces expériences contre toute lumière étrangère, pouvait devenir un nouvel et puissant ins-trument de démonstration pour la théorie des germes.

Mais les observations révélèrent aussi le danger qu'on courait dans des expériences de cette nature et montrèrent que, sans une somme de précautions bien supérieure à celle qu'on leur avait accordée jusque-là, elles laissaient la porte ouverte à des erreurs du caractère le plus grave. Il était surtout évident que la méthode chimique employée par Schultz, et à laquelle on a eu si souvent recours depuis, pouvait conduire aux conséquences les plus erronées, et que ni les acides ni les alcalis n'avaient le pouvoir de destruction rapide qu'on leur avait attribué jusque-là. En un mot, l'emploi du faisceau lumineux expliquait le succès des expériences rigoureusement conduites,

comme celles de Pasteur, et démontrait la certitude
de l'insuccès pour celles qui sont moins rigoureusement et moins habilement menées.

VII

EXPÉRIENCES DU Dr BENNETT.

Je ne veux pas laisser une assertion de ce genre
sans autre démonstration. Examinons donc les expériences bien conçues du Dr Bennett, exposées à la
Société Royale de chirurgie d'Edimbourg le 17 janvier
1868. Le Dr Bennett, par une méthode ingénieuse,
forçait l'air à passer dans des flacons contenant des
décoctions de réglisse, de foin, ou de thé. L'air y ar-
rivait par deux tubes en U dont l'un contenait une
solution de potasse caustique et l'autre de l'acide sulfurique. « Tous les tubes recourbés étaient remplis
de morceaux de pierre ponce pour disperser l'air et
empêcher qu'un germe pût passer au centre des
bulles. » L'air traversait aussi un tube de Liebig contenant de l'acide sulfurique et un ballon plein de
coton-poudre.

Il était tout naturel que le Dr Bennett crût ses tubes
recourbés capables de supprimer entièrement les
germes. Avant les observations que j'ai rapportées, je
croyais aussi à leur efficacité, mais depuis aucune
opinion de ce genre ne peut être soutenue. De plus,
le coton-poudre est incapable d'arrêter toute la matière flottante, à moins d'être fortement tassé, et rien,

dans le mémoire du D\ Bennett, n'indique qu'il en fût ainsi. Je pourrais, en un mot, à la seule inspection de l'appareil du D\ Bennett, prédire les résultats qu'il a obtenus et qui sont un retard dans le développement de la vie, son absence totale dans certains cas, sa présence dans d'autres.

Dans sa première série d'expériences, huit flacons furent remplis de son air filtré et cinq d'air ordinaire. Après 10 ou 12 jours, tous les cinq contenaient des fongus tandis qu'il fallut de 4 à 9 mois pour qu'il s'en développât dans les autres. Dans un des huit, aucun fongus ne se montra, même après ce temps. — Dans une seconde série d'expériences il y eut une exception du même genre. Dans une troisième série les bouchons de liége employés dans les deux premières furent abandonnés et remplacés par des bouchons de verre. Les éprouvettes contenant des décoctions de thé, de bœuf et de foin furent remplies, les unes d'air ordinaire, les autres d'air filtré. Les fongus se montrèrent dans chacune des premières, les autres n'en continrent pas de trace. Toutes ces expériences ruinent tout simplement la doctrine qu'adopte finalement le D\ Bennett.

Dans tous les cas négatifs l'air préparé était introduit dans l'infusion bouillante. Le D\ Bennett fit une quatrième série d'expériences, dans lesquelles il laissa les éprouvettes se refroidir avant d'y fouler l'air. Il remplit d'air préparé quatre flacons ainsi traités et, après un temps donné, il trouva des fongus dans les quatre. Quelle conclusion en tire-t-il? Non pas que le liquide bouillant employé dans ses premières expériences a détruit les germes qui pouvaient se trouver dans l'appareil, mais bien que l'air, exposé avant le scellement, à une température de 212° F., est devenu *trop raréfié pour entretenir la vie!* Cette conclusion est si remarquable qu'elle a besoin d'être établie sur les propres paroles du Dr Bennett : « On « peut facilement s'imaginer que l'air soumis à une « température d'ébullition est si dilaté qu'il mérite « à peine le nom d'air et qu'il est plus ou moins « impropre à entretenir la vie animale ou végé- « tale. »

On pourrait citer ici des données numériques ; je vis, et même fort bien, pendant une grande partie de l'année, dans un milieu d'une densité moindre que celui que le Dr Bennett dépeint comme méritant à peine le nom d'air. Les habitants des plus hauts chalets des Alpes, avec leurs troupeaux, leurs pâtres et leurs pâturages, font de même et le chamois élève ses petits dans un air encore moins dense. Les insectes enfin se montrent parfois avec une prodigalité extraordinaire sur les hauteurs alpines.

Dans une cinquième série d'expériences seize bouteilles furent remplies d'infusions. Dans quatre d'entre elles, refroidies, on foula de l'air ordinaire sans le chauffer ni le filtrer : développement de fongus dans les quatre flacons. Dans quatre autres, contenant une infusion bouillante, on foula de l'air ordinaire : aucune trace de fongus. Dans quatre autres contenant une infusion qui avait été bouillie et refroidie, on foula de l'air filtré : aucune trace de fongus. Enfin, dans les quatre dernières contenant une infusion bouillante on foula de l'air filtré ; là non plus aucune trace de fongus. Ainsi les fongus n'apparurent que dans les quatre flacons où les infusions étaient froides et l'air de l'air ordinaire.

Le Dr Bennett ne tire pas de ces expériences la conclusion à laquelle elles tendent si évidemment. Il fonde, au contraire, sur elles une défense de la doctrine des générations spontanées et une théorie générale du développement spontané. Il était si bien convaincu de cette idée que les germes ne pouvaient en aucune façon traverser ses tubes à potasse et à acide sulfurique que l'apparition des fongus même dans les cas nombreux où l'air avait traversé ces tubes, était pour lui la preuve concluante de l'origine spontanée de ces fongus. Il explique l'absence de la vie, dans quelques-unes de ses expériences, par une hypothèse qui ne souffre pas un instant d'examen. Pour celui qui sait que les particules organiques peuvent traverser impunément les acides et les alcalis, les résultats du Dr Bennett sont précisément ce qu'ils devaient être dans ces circonstances. On peut ajouter que leur concordance avec les faits aujourd'hui acquis est une preuve de l'honnêteté et du soin avec lesquels ils ont été obtenus.

La prudence montrée par Pasteur, tant dans ses expériences que dans le raisonnement auquel elles servent de base, est parfaitement évidente pour ceux que la pratique d'une recherche sévère a rendus compétents pour juger les œuvres expérimentales. Il trouva des germes dans le mercure qu'il employait pour isoler son air. Il n'était jamais sûr qu'il n'y en eût pas d'attachés à ses instruments ou à sa propre personne. Aussi chaque fois qu'il ouvrait sur la Mer de glace ses flacons hermétiquement scellés, il surveillait la lime dont il se servait pour détacher le col allongé de ses bouteilles et il avait soin, dès qu'elles étaient ouvertes, de se tenir sous le vent. En prenant ces précautions, il trouva dans dix-neuf cas sur vingt que l'air du glacier était incapable d'engendrer la vie; d'autres flacons, ouverts au milieu de la végétation des basses terres, furent bientôt encombrés d'êtres vivants. M. Pouchet a répété les expériences de Pasteur sur les Pyrénées, en prenant la précaution de tenir ses flacons au-dessus de sa tête; le résultat a été différent. Il faut de grands soins pour que cette précaution devienne réellement effective. Le rayon lumineux nous montre immédiatement ce qui peut se passer. Brûlons un morceau de papier sous une cloche de verre, de façon à remplir celle-ci de fumée. Un rayon lancé sur cette cloche marque une trace brillante à travers la fumée. Si l'on place le poing fermé sous la cloche, il s'en élève un courant vertical d'une violence surprenante eu égard à la faible élévation de température; ce courant remplace par un air relativement obscur la traînée lumineuse. A moins de soins spéciaux un courant semblable pouvait s'élever du corps de M. Pouchet pendant qu'il tenait ses flacons au-dessus de sa tête et la précaution de Pasteur, de ne pas se trouver entre le vent et le flacon, était annihilée.

Permettez-moi d'attirer votre attention sur un autre résultat de Pasteur dont le rayon lumineux va nous révéler immédiatement le sens et la cause. Il prépara 21 flacons contenant tous une décoction de levûre, filtrée et claire. Il fit bouillir la décoction pour détruire tous les germes qu'elle pouvait contenir et après avoir rempli l'espace qui restait au-dessus du liquide, de vapeurs pures, il scella ses flacons au chalumeau. Il en ouvrit dix dans les caves profondes et humides de l'Observatoire de Paris, et les onze autres dans la cour de cet établissement. Dans les premiers, un seulement montra des signes de vie par la suite. Aucun organisme ne se développa dans les neuf autres. Dans la seconde série de onze, les organismes apparurent rapidement dans tous les flacons.

Nous pouvons à Londres jeter une grande lumière sur cette expérience exécutée à Paris. Si nous envoyons un rayon lumineux à travers un flacon rempli de l'air de cette salle, chargé de ses germes et de sa poussière, nous le voyons traverser le flacon de part en part. Mais voici un autre flacon tout pareil qui ouvre dans le rayon une brèche parfaitement nette. Il est rempli d'air *non filtré* et cependant aucune trace du rayon n'est visible. Pourquoi ? J'avais choisi ce flacon au hasard dans notre collection où il était resté quelque temps en repos ; guidé par cet indice évident, je mis de côté trois autres flacons remplis, au début, d'air chargé de particules. Ils sont maintenant optiquement vides. Mes premières expériences prouvaient que les particules qui engendrent la vie, s'attachent aux fibres du coton. Dans celle-ci, de légers courants d'air produits par des différences de température peu sensibles dans nos vaisseaux fermés, amènent les particules en contact avec les surfaces intérieures auxquelles elles finissent par adhérer. L'un de ces flacons a déposé sa poussière, ses germes et tout le reste, et se trouve ainsi effectivement débarrassé de matières en suspension.

J'ai construit une chambre dont la partie inférieure est en bois et la partie supérieure fermée par quatre châssis en verre. Elle se termine au sommet par un tronc de cône et mesure, en plan, trois pieds sur deux pieds six pouces, en hauteur cinq pieds dix pouces. Elle fut fermée le 6 février et l'on eut soin de recouvrir de papier collé tous les joints qui auraient pu laisser pénétrer de la poussière ou causer des déplacements d'air.

Le rayon électrique montra d'abord la poussière à l'intérieur de la chambre comme dans l'air du laboratoire. L'appareil fut examiné presque chaque jour et l'on constata une diminution sensible de la matière flottante. Au bout d'une semaine la chambre était optiquement vide et ne montrait plus aucune matière capable de disperser la lumière. Tel a dû être le cas des caves tranquilles de l'Observatoire de Paris. Si notre rayon électrique pénétrait dans l'air de ces caves, sa trace y serait invisible, preuve du lien indissoluble qui unit le pouvoir dispersif de l'air à celui d'engendrer la vie.

Occupons-nous maintenant d'une autre application du rayon lumineux, qui dépasse en intérêt toutes celles que nous avons vues jusqu'ici. Vous n'avez pas oublié la citation que j'ai faite de l'interprétation donnée par le professeur Lister à ce fait que l'air qui a traversé les poumons ne peut plus produire de putréfaction. — « C'était pour moi un mystère complet, « avant que je ne connusse la théorie des germes, de « comprendre pourquoi l'air introduit dans la cavité « pleurale à travers un poumon blessé, pouvait avoir « des qualités entièrement différentes de celles de

« l'air qui pénètre directement dans la poitrine par
« une blessure. Il me parut dans la suite tout à fait
« naturel que l'air fût débarrassé de ses germes par
« son passage dans les canaux aériens dont l'une des
« fonctions est d'arrêter les poussières inhalées et de
« les empêcher de pénétrer dans les cellules. »

Cette hypothèse porte l'empreinte du génie mais
elle a besoin d'une vérification. Si au lieu de ces
mots « tout à fait naturel » nous étions autorisés à
écrire « parfaitement certain » la démonstration serait complète. Cette démonstration nous est fournie
par les expériences avec le rayon de lumière. Un soir,
vers la fin de 1869, j'envoyais différents gaz purs dans
le trajet poussiéreux du rayon lumineux quand j'eus
l'idée de me servir de mon haleine au lieu de gaz. Je
remarquai alors, pour la première fois, l'obscurité extraordinaire produite par l'air expiré, *vers la fin de
l'expiration.* Je vais répéter l'expérience devant vous.
Je remplis mes poumons d'air ordinaire et je respire
à l'aide d'un tube de verre à travers le rayon. Un
nuage blanc, lumineux, de texture délicate, accuse la
condensation des vapeurs aqueuses de la respiration.
Nous pouvons faire disparaître ce nuage en séchant
l'haleine avant son entrée dans le rayon, ou plus
simplement encore en chauffant le tube de verre. La
trace lumineuse du rayon subsiste pendant un certain
temps parce que la poussière revient des poumons
et que les particules ne sont que déplacées. Après
quelque temps cependant, un disque obscur et qui le
devient de plus en plus, apparait dans le rayon, et
enfin, vers la fin de l'expiration, le rayon est pour
ainsi dire percé d'un trou noir intense, où aucune

particule ne peut plus se discerner. Nous avons ainsi
la preuve que l'air profond des poumons est absolument privé de matière en suspension. Il se trouve
donc dans les conditions précises exigées par l'explication du professeur Lister. Cette expérience peut se
répéter autant de fois qu'on le veut, avec le même
résultat. Je crois qu'elle établit de façon irréfutable la
correction des vues du professeur Lister et de l'impuissance de l'air optiquement pur, en ce qui concerne le développement vital [1].

VIII

APPLICATION DU RAYON LUMINEUX A L'EXAMEN DES EAUX.

La méthode d'examen que nous employons ici peut
aussi s'appliquer à l'eau. Elle est en un sens complé-
mentaire de l'étude au microscope et peut, à mon avis,
apporter une aide efficace aux recherches exécutées
avec cet instrument. Dans l'examen microscopique,
l'attention se porte sur une petite portion du liquide
et le but est de découvrir séparément les particules
en suspension. Par notre méthode, une grande masse
du liquide se trouve éclairée et son état général s'accuse par la dispersion du rayon. On prend soin de

1. Le Dr Burdon Sanderson appelle l'attention sur l'importante observation de Brauell, montrant que chez l'animal qui
porte, atteint de fièvre splénique, le contagium ne se retrouve
pas dans le sang du fœtus; le placenta agit comme un filtre
et retient les particules infectées.

défendre l'œil contre toute lumière étrangère, et cet organe, ainsi préservé, devient un instrument d'une délicatesse inconcevable. Une somme d'impureté si faible qu'à peine peut-elle s'exprimer en nombres et que les particules isolées qui la composent échappent entièrement au microscope, peut, quand on l'examine par notre méthode, produire sur l'œil des effets non-seulement sensibles, mais frappants.

Nous appliquerons, en premier lieu, la méthode à une expérience de M. Pouchet qui tend à prouver d'une manière définitive que la vie animalculaire se développe dans des milieux où il est impossible qu'aucun germe antécédent ait pu exister. Il produisait de l'eau par la combustion de l'hydrogène dans l'air, prétendant avec raison qu'aucun germe ne pouvait survivre à la chaleur d'une flamme d'hydrogène. Mais il omettait le fait que ses vapeurs aqueuses se condensaient dans l'air et qu'elles y ruisselaient à l'état d'eau. En un mot, cette expérience est une de celles qui distinguent les travailleurs comme M. Pouchet des travailleurs comme M. Pasteur. Voici de l'eau produite en laissant une flamme d'hydrogène se jouer contre un condenseur formé par le fond d'un bassin d'argent rempli de glace. Le liquide recueilli est pellucide à la lumière ordinaire, mais sous le rayon électrique condensé, on voit qu'il est chargé de particules si serrées et si petites qu'elles produisent un cône lumineux continu. L'eau s'est chargée de cette matière en traversant l'air et la façon dont elle se comporte n'est évidemment pas assez concluante pour résoudre cette grande question.

Nous sommes assaillis d'impuretés non-seulement

dans l'air que nous respirons, mais aussi dans l'eau que nous buvons. Voyez cette carafe d'eau placée là pour apaiser la soif de celui qui vous parle ; sur le trajet du rayon elle se comporte absolument comme de l'eau souillée. Les autres eaux de Londres ne valent pas mieux. Grâce à l'obligeance du professeur Frankland, je me suis procuré des échantillons de l'eau des huit compagnies de Londres ; elles sont toutes chargées d'impuretés suspendues mécaniquement. Mais, me demanderez-vous, le filtrage ne peut-il faire disparaître cette matière en suspension ? La plus volumineuse, sans doute, mais non la plus divisée. L'eau peut passer un grand nombre de fois sur du papier à filtrer et rester chargée de matière fine. Il en est de même pour l'eau qui traverse les filtres à charbon de Lipscomb ou ceux de la Compagnie du carbone silicatisé ; elle ne perd que la matière volumineuse. Les neuf dixièmes de la lumière réfléchie par ces particules en suspension sont parfaitement polarisés dans une direction perpendiculaire au rayon, et cette infraction aux lois ordinaires de la polarisation démontre la petitesse des particules. J'ose dire que le plus grand nombre des particules comprises dans cette dispersion est tout à fait hors des limites du microscope et aucun filtre ordinaire ne peut les intercepter. Il est presque impossible de produire de l'eau pure par des moyens artificiels. M. Hartley, par exemple, a distillé il y a quelque temps de l'eau entourée d'hydrogène et cette eau contenait des traces de matière flottante. Il est si difficile de rester propre au sein de la saleté ! Avec l'eau du lac de Genève, longtemps reposée, nous approchons du liquide pur. J'en possède ici un flacon rempli soigneusement à mon intention par mon ami distingué, Soret. La trace du rayon qui le traverse est d'un bleu délicat ; la matière volumineuse s'y indique à peine.

L'eau la plus pure que j'aie vue — la plus pure qu'on ait jamais vue sans doute — a été obtenue par la fusion de morceaux de glace choisis. Il faut des précautions extraordinaires pour obtenir ce degré de pureté. L'appareil que voici a été conçu et exécuté dans ce but par mon préparateur : à travers le plateau d'une machine pneumatique passe la queue d'un entonnoir auquel est attaché, sous le plateau, un ballon en verre mince. Dans l'entonnoir on place un bloc de glace la plus transparente qu'il soit possible et sur l'entonnoir un récipient de verre. Celui-ci est d'abord épuisé et rempli plusieurs fois d'air filtré sur du coton et la glace est ainsi entourée d'air pur sans particules. Mais elle s'est trouvée d'abord en contact avec de l'air chargé de germes et il est nécessaire de la laisser laver sa propre surface et celle du ballon qui doit recevoir l'eau de liquéfaction. On laisse fondre la glace, le ballon est rempli et vidé plusieurs fois jusqu'à ce qu'enfin le gros bloc soit réduit à un petit. Nous pourrons alors être certains que toute impureté a disparu de la surface de la glace. L'eau obtenue de cette façon est la plus pure qu'on ait obtenue jusqu'ici. J'hésiterais cependant à l'appeler absolument pure. Quand la lumière condensée traverse cette eau, la trace du rayon n'est pas invisible ; elle est d'un bleu pâle de la nuance la plus délicate. Le bleu en est plus pur que celui du ciel ; ce qui prouve que la matière qui le produit est plus divisée que celle du

ciel. On pourrait prétendre, et on a effectivement
prétendu que ce bleu est réfléchi par les molécules
mêmes de l'eau et non par une matière suspendue
dans l'eau. Mais si nous nous rappelons que ce bleu
si parfait ne s'obtient que graduellement, après des
degrés de bleu moins parfaits, si nous considérons
qu'un bleu semblable à tous égards peut s'obtenir
avec des matières mécaniquement suspendues, nous
hésiterons, je crois, à conclure que nous sommes
arrivés ici au dernier degré de la purification. L'évidence, à mon avis, tend distinctement à cette conclusion, que si nous pouvions pousser le procédé de
purification encore plus loin, cette dernière trace si
délicate de bleu elle-même disparaîtrait.

IX

EAU DE CRAIE. — PROCÉDÉ D'ADOUCISSEMENT DE CLARK.

Mais n'est-il pas possible de rivaliser ici en Angleterre avec l'eau du lac de Genève? Sans aucun
doute. Nous possédons un genre de roche qui forme
à la fois un récipient admirablement propre et un
filtre naturel; nous pouvons en tirer une eau où les
impuretés mécaniques sont extrêmement rares. Je
veux parler de la formation de la craie, où de grandes
quantités d'eau sont tenues en réserve. Nos collines
crayeuses sont dans la plupart des cas couvertes
d'une mince couche de terre et d'une végétation très-

pauvre. Rien n'oppose grand obstacle à la pénétration des pluies dans la craie, où toutes les impuretés
organiques qu'elles peuvent charrier sont bientôt
oxydées et rendues inoffensives. Ceux qui comme
moi ont promené leurs pas le long des dunes de
Hants et de Wilts se rappelleront l'aridité de ces
régions. C'est que la pluie, au lieu de laver la surface
et de s'y réunir en courants, pénètre dans les fissures
de la craie et se loge dans sa masse. Quand cette
formation est convenablement perforée, elle nous
fournit de l'eau d'une limpidité et d'une pureté parfaites. Un grand globe de verre rempli de l'eau d'un
puits creusé près de Tring paraît absolument privé
d'impuretés mécaniques. D'ailleurs, il est de toute
évidence que de l'eau entièrement soustraite aux
contaminations de la surface et qui ne doit traverser
qu'une substance aussi propre, doit être pure. On a
souvent débattu la question de savoir si les réserves
d'eau excellente que recèle la craie ne pourraient être
utilisées à Londres. Beaucoup d'ingénieurs et de chimistes éminents ont recommandé ardemment cette
source et ont cherché à démontrer que non-seulement sa pureté est sans rivale, mais aussi que sa
quantité est pratiquement inépuisable. Des chiffres
suffisants pour en témoigner sont, je crois, établis
aujourd'hui ; le nombre des puits creusés dans la
craie est assez considérable et la quantité d'eau qu'ils
fournissent assez bien connue.

Mais cette eau si pure, qui renferme si peu d'impuretés mécaniques doit au carbonate de chaux qu'elle
tient en solution le désavantage d'être très-dure.

L'eau de craie du voisinage de Watford contient

environ 17 grains de carbonate de chaux par gallon. On dirait, dans l'ancienne terminologie, qu'elle a 17 degrés de dureté. Or, cette eau dure est mauvaise pour le thé, mauvaise pour le lavage, et de plus elle encrasse nos bouilloires, parce que la chaux qu'elle tient en solution, se précipite à l'ébullition. Si on l'emploie à froid, il faut que sa dureté soit neutralisée aux dépens du savon, avant de donner une lessive. Ce sont là de sérieuses objections à l'emploi de l'eau de craie à Londres, mais elles s'évanouissent l'une après l'autre devant ce fait, que cette eau peut. être adoucie à peu de frais et sur une grande échelle. Je connais depuis longtemps le procédé d'adoucissement de l'eau qui porte le nom de Clark, mais ce n'est que depuis peu que j'en ai vu, sous la direction de M. Homersham, des applications considérables. On adoucit l'eau de craie pour les besoins de la ville de Canterbury, et aux Chiltern Hills pour les besoins de Tring et d'Aylesbury. Caterham jouit du même luxe.

J'ai visité toutes ces localités et les travaux qu'on y a exécutés. A Canterbury on a construit trois réservoirs couverts, et protégés par un toit de béton et des couches de rocaille contre la chaleur de l'été et le froid de l'hiver. Chaque réservoir peut contenir 120,000 gallons d'eau. Attenant à ces réservoirs il en est d'autres qui contiennent de la chaux éteinte pure, connue sous le nom de « crême de chaux. » Quand ils sont remplis d'eau, on opère le mélange intime de la chaux avec l'eau en foulant de l'air avec une machine par des ouvertures pratiquées dans le fond du réservoir. L'eau dissout bientôt toute la chaux qu'elle est capable de retenir. On laisse se reposer celle qui n'est que mécaniquement suspendue, et l'on obtient ainsi une eau de chaux parfaitement transparente.

Voici quel est le procédé d'adoucissement. On introduit dans un des réservoirs vides une certaine quantité d'eau de chaux claire et après elle neuf ou dix fois cette quantité d'eau de craie. La transparence disparaît immédiatement; le mélange des deux liquides clairs devient fortement trouble à cause de la précipitation du carbonate de chaux. On laisse reposer le précipité. Il est cristallin et lourd; au bout de douze heures environ, une couche de carbonate de chaux blanc et pur s'est formée au fond du réservoir, recouverte par une eau d'une beauté et d'une pureté extraordinaires. Il y a quelques jours, je jetai quelques sous dans un réservoir de seize pieds de profondeur, aux Chiltern Hills. Cette couche d'eau voilait à peine les pièces. J'aurais pu distinguer une épingle au fond. Cette méthode d'adoucissement ramène l'eau de dix-sept à trois degrés de dureté. Cette eau mousse immédiatement et sa température est constante pendant toute l'année. Elle reste fraîche pendant l'été le plus chaud, se maintenant à 11° au-dessus de 0; elle ne gèle pas en hiver si les tuyaux sont bien disposés. Les réservoirs sont couverts, rien ne peut y tomber, aucune surface de contamination ne peut se trouver en contact avec l'eau. Elle passe directement du réservoir principal aux robinets des maisons; il n'existe aucune citerne et la provision est toujours fraîche et pure. Voilà l'eau qu'on fournit aux heureux citoyens de Tring, de Caterham et de Canterbury.

L'article qui précède, au moins pour les parties se rattachant à la théorie qui attribue les maladies épidémiques au développement d'une vie parasitaire inférieure au sein de la vie humaine, fit le fond d'un discours prononcé à l'Institut royal en janvier 1870. En juin 1871, après quelques mots sur la polarisation de la lumière par les vapeurs, je revins sur le même sujet en ces termes :

A quoi peuvent pratiquement servir ces curiosités? Si nous excluons l'intérêt qui s'attache à l'observation des faits nouveaux, intérêt renforcé par cette idée que les faits deviennent souvent des exposants de lois, ces curiosités semblent peu de chose en elles-mêmes. Elles n'ajoutent rien à nos provisions de nourriture, de boisson, de vêtements, de bijoux. Mais, si dénuées qu'elles paraissent de toute utilité intrinsèque, elles peuvent, en dirigeant la pensée sur des points qui resteraient autrement inaperçus, devenir les antécédents de conséquences pratiques. Ainsi, en examinant notre poussière illuminée, nous pouvons nous demander de quoi elle est faite. Comment agit-elle, non plus sur un rayon de lumière, mais sur nos propres organisations? La question prend alors un caractère pratique. L'examen nous montre que cette poussière est de la matière organique, en partie vivante, en partie morte. Il s'y trouve des particules végétales, des débris de chiffons, de la fumée, du pollen, des spores de fongus et des germes d'autres choses. Mais qu'ont-ils à voir avec l'économie animale? Laissez-moi vous exposer certains faits sur lesquels M. Georges-Henry Lewes a dernièrement attiré mon attention, dans la lettre qui suit :

« Je désire appeler votre attention sur les expé-
« riences de Von Recklingshausen, si vous ne les
« connaissez déjà. Elles confirment d'une façon frap-
« pante ce que vous dites de la poussière et de la
« maladie. Au printemps dernier, me trouvant à son
« laboratoire de Wurzbourg, j'examinai avec lui du
« sang évacué depuis trois semaines, un mois, cinq
« semaines, et conservé sous des cloches de verre,
« dans de petites coupes en porcelaine. Ce sang vi-
« vait et croissait. On y constatait non-seulement les
« mouvements amiboïdes des corpuscules blancs,
« mais il y avait des preuves abondantes de l'accrois-
« sement et du développement des corpuscules. Je
« vis aussi un cœur de grenouille encore doué de
« pulsations, quoiqu'il fût enlevé du corps, j'ignore
« depuis combien de jours, mais certainement depuis
« plus d'une semaine. Il y avait d'autres exemples de
« la même vitalité persistante ou d'absence de putré-
« faction. Von Recklingshausen n'attribuait pas ces
« faits à l'absence de germes, les germes n'étaient pas
« mentionnés par lui, mais quand je lui demandai
« comment il s'expliquait la chose, il me dit que tout
« le mystère de son opération consistait à mettre le
« sang à *l'abri de toute saleté.* Les instruments em-
« ployés étaient chauffés au rouge avant l'opération ;
« le fil était en argent et également chauffé, et les
« coupes en porcelaine, quoique non soustraites à
« l'action de l'air, étaient mises à l'abri des courants.
« A ce qu'il me dit, ses déceptions étaient fréquentes ;
« il les attribuait à des particules de poussière qui
« échappaient à ses précautions. »

Le professeur Lister qui a fondé sur l'enlèvement

ou la destruction de cette « saleté » de grands et nombreux perfectionnements en chirurgie, nous dit l'effet de son introduction dans le sang des blessures. Il nous apprend ce qu'il advient du sang extrait, si la pourriture s'en empare. Le sang se putréfie et devient fétide, et si vous examinez de plus près cette transformation, vous découvrez que la substance en putréfaction pullule d'une vie organique dont l'air a apporté les germes. Nous voilà assurément en présence de matières pratiques, et, si vous le permettez, je reviendrai une fois de plus sur une question qui a, dans ces derniers temps, fortement occupé l'attention publique. En ce qui concerne les formes les plus basses de la vie, le monde est divisé, et cela depuis fort longtemps, en deux partis dont l'un affirme qu'il suffit de soumettre la matière absolument inerte à certaines conditions physiques pour en tirer des choses vivantes, — et dont l'autre (sans vouloir mettre des bornes au pouvoir de la matière) prétend que, *de nos jours*, on n'a jamais trouvé la vie se produisant indépendamment d'une autre vie préexistante. J'appartiens au parti qui regarde la vie comme un dérivé de la vie. La question a deux facteurs : l'évidence et l'esprit qui juge de l'évidence. Peut-être est-ce une disposition mentale particulière, une tendance propre qui, dans cette longue discussion, me fait voir d'un côté des faits douteux et une logique défectueuse, de l'autre un raisonnement solide et une connaissance exacte de ce qu'exige une enquête expérimentale rigoureuse.

Mais au point de vue pratique, que nous importe, je le répète, la question de la génération spontanée?

Voyons. Il y a chez l'homme et chez l'animal de nombreuses maladies qui sont évidemment le résultat de la vie parasitaire, et ces maladies peuvent prendre les formes épidémiques les plus terribles, comme on l'a vu de nos jours en France pour la maladie des vers à soie. Maintenant, il est de la plus haute importance de savoir si les parasites en question se sont spontanément développés ou s'ils se sont abattus du dehors sur ceux qu'atteint la maladie. Les moyens de prévention, sinon de guérison, diffèrent entièrement dans les deux cas.

Mais ce n'est pas tout. A côté de ces cas universellement admis, il s'est élevé une vaste théorie qui gagne chaque jour en force et en clarté, qui s'acquiert chaque jour de nouveaux partisans parmi les travailleurs les plus heureux et les penseurs les plus profonds de la profession médicale elle-même, — la théorie, en un mot, qui attribue aux maladies contagieuses en général le caractère parasitaire. Si j'avais le moindre regret de vous avoir exposé il y a un an cette théorie, j'aurais à l'exprimer ici. Je renierais certainement devant vous toute sympathie pour la théorie des germes qu'eussent pu trahir mes paroles. Mais depuis le moment dont je parle, je n'ai rien entendu, rien lu qui ébranle ma conviction dans la vérité de cette théorie. Permettez-moi de vous décrire le terrain où combattent ses partisans.

A l'aide de leurs virus respectifs, vous pouvez planter la fièvre typhoïde, la scarlatine, la petite vérole. Quelle est la récolte qui sortira de ces semailles ? Aussi sûrement qu'un chardon sort d'une semence de chardon, aussi sûrement qu'un figuier sort d'une figue, une vigne d'un raisin, une épine d'une épine, le virus typhoïde s'accroît et se multiplie sous forme de fièvre typhoïde, le virus de la scarlatine sous forme de scarlatine, le virus de la petite vérole sous forme de petite vérole. Quelle est la conclusion qui s'impose ici ? Celle-ci : C'est que l'agent que nous appelons vaguement virus est, en tout état de choses, une *semence* et que, en supprimant la notion de la vitalité, on ne peut montrer dans toute l'étendue de la science chimique une action qui présente ce parallélisme parfait avec les phénomènes de la vie, ce pouvoir démontré d'automultiplication et de reproduction. La théorie des germes seule peut expliquer le phénomène.

En cas de maladies épidémiques ce n'est pas sur le mauvais air ou les égouts défectueux que se portera d'abord l'attention des médecins de l'avenir, mais sur les germes de la maladie que le mauvais air et les égouts infects ne peuvent créer, mais qu'ils peuvent douer d'une énergie de reproduction virulente. Vous faites peut-être cette réflexion que je m'aventure ici sur un terrain dangereux et que j'émets des vues qui pourraient contrarier les effets salutaires de la pratique. D'aucune façon. Si vous voulez vous rendre compte de l'impuissance de la pratique médicale à lutter contre les maladies contagieuses, reportez-vous au discours Harveien que vient de prononcer le Dr Gall De telles maladies défient le médecin. Elles doivent suivre leur cours et tout ce qu'on peut faire est de les surveiller attentivement. Ce fait, bien que je n'y insiste pas spécialement, favoriserait l'idée de leur origine vitale. Car si les germes des maladies contagieuses sont eux-mêmes des êtres vivants, il peut être difficile de les détruire, eux ou leur progéniture, sans entraîner leur habitat vivant dans la même destruction.

On a dit et on répètera certainement que je quitte mon métier en parlant de ces choses. Il n'en est rien. Je traite une question sur laquelle les esprits accoutumés à peser la valeur de l'évidence expérimentale sont seuls compétents à décider et sur laquelle, dans les conditions présentes, ces esprits sont aussi capables de se former une opinion que sur les phénomènes du magnétisme ou de la chaleur rayonnante. « La théorie des germes dans la maladie, a-t-on dit, appartient au biologiste et au médecin. » Soit, mais où est le biologiste ou le médecin, dont les recherches sur ce sujet puissent être un seul instant comparées à celles du chimiste Pasteur? Les membres philosophes du corps médical ne se montrent pas sourds à la vérité, parce qu'elle ne sort pas de leur profession. Je ne puis mieux conclure cette partie de mon discours qu'en vous lisant un extrait d'une lettre que m'envoyait il y a quelque temps le Dr William Budd de Clifton, aux connaissances et à l'énergie duquel la ville de Bristol doit tant de perfectionnements sanitaires.

« Quant à la théorie des germes elle-même, écrit le « Dr Budd, c'est une matière sur laquelle mon esprit « est depuis longtemps fixé. Depuis le jour où j'ai « pour la première fois étudié ce sujet, je n'ai jamais « eu le moindre doute que la cause spécifique des « fièvres contagieuses ne fût due à des organismes « vivants.

« Il est impossible, en fait, de faire aucune consta-
« tation portant sur l'essence ou les caractères dis-
« tinctifs de ces fièvres sans employer des termes qui
« sont, entre tous, *les plus distinctifs de la vie.*
« Prenez les écrits des plus violents adversaires de
« la théorie des germes, et dix fois pour une vous les
« trouvez remplis de termes comme propagation,
« auto-propagation, reproduction, auto-multiplication,
« et ainsi de suite. Qu'ils fassent comme ils veulent,
« s'ils ont quelque chose de caractéristique à dire sur
« ces maladies, ils ne peuvent éviter l'emploi de ces
« termes ou de leurs équivalents. Ces termes, parfai-
« tement applicables aux êtres vivants, expriment des
« qualités qui non-seulement sont inapplicables aux
« agents chimiques ordinaires, mais qui, autant que
« je puisse voir, sont totalement incompatibles avec
« eux. »

X

RESPIRATEUR A OUATE.

Une fois établie dans le corps, cette forme nuisible de la vie, si je puis m'exprimer ainsi, doit suivre
son cours. Jusqu'ici la médecine est impuissante à
arrêter sa marche et le grand point à viser est d'empêcher son introduction dans l'organisme. C'est dans
cette pensée que je recommandai il y a un an l'emploi
des respirateurs à ouate dans les endroits infectés.
J'affirme de nouveau ma confiance dans leur efficacité,
s'ils sont soigneusement construits. Mais je ne veux

pas nuire à leur emploi en le liant indissolublement à la théorie des germes. Il n'est que trop de métiers en Angleterre où la vie des ouvriers est abrégée et rendue misérable par l'introduction dans les poumons de matières qu'on pourrait en éloigner.

Le docteur Greenhow a montré que la poussière pierreuse se déposait dans les poumons des tailleurs de pierre. Les poumons noirs des houilleurs sont un autre exemple fort répandu. On pourrait citer cent autres cas très-connus et d'autres qui le sont moins. On ne penserait pas, par exemple, que l'imprimerie comporte des travaux où l'usage des respirateurs à ouate pourrait être utile, et pourtant la poussière qui s'élève pendant le triage des caractères est très-nuisible à la santé. J'ai visité il y a quelque temps, dans l'une de nos grandes villes, une manufacture où on émaillait des vases en fer en les recouvrant d'une poudre minérale et en les soumettant à une chaleur suffisante pour fondre cette poudre. L'organisation de l'établissement était excellente, une seule chose manquait pour qu'elle fût parfaite. Dans une grande salle, un certain nombre de femmes étaient occupées à recouvrir les vases. L'air était chargé de poussière fine, et leurs figures semblaient aussi pâles et aussi blanches que la poudre qu'elles employaient. En faisant usage de respirateurs à ouate, on pourrait faire respirer à ces femmes de l'air aussi privé de matières en suspension que celui de la rue. Il y a environ un an, un grainetier du Lancashire m'écrivit que pendant la saison des semailles ses hommes souffraient horriblement d'irritation et de fièvre, tellement que beaucoup quittaient son service. Il appelait à l'aide et je lui donnai mon avis. A la fin de la saison, cette année, il m'informa qu'il avait enveloppé de mousseline un peu de ouate, qu'il l'avait attachée devant la bouche, et qu'avec cette simple précaution il avait passé la saison bien portant et sans une seule plainte de ses hommes.

Il y a contre l'usage d'un tel respirateur une objection évidente, c'est qu'il devient humide et s'échauffe par la respiration. Tandis que je cherchais à remédier à ce défaut, un ami m'envoya de Newcastle une forme de respirateur inventée par M. Carrick, hôtelier à Glascow, forme qui, avec une légère modification, pourrait parfaitement servir. La figure 2 représente ce respirateur avec la partie postérieure enlevée.

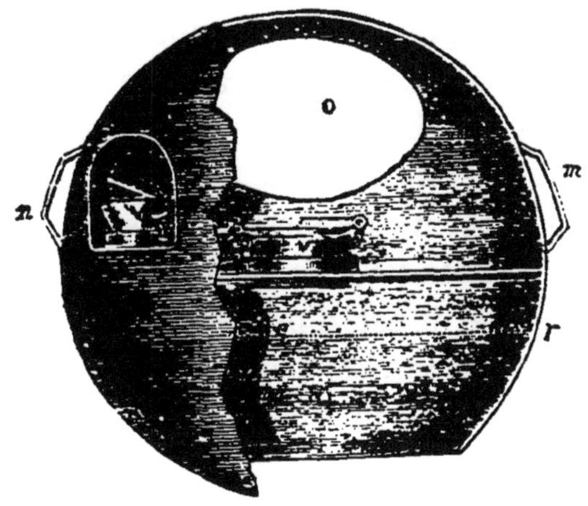

Fig. 2.

Sous la cloison en toile métallique se trouve un espace destiné par M. Carrick aux substances médicinales, et qu'on peut remplir de ouate. La bouche se place contre l'ouverture O qui s'applique exactement autour des lèvres et l'air filtré y pénètre par une petite valve qui se soulève pendant l'inhalation. Pendant l'exhalation cette valve se ferme et les produits de la respiration s'échappent à l'air libre par une seconde valve V. La ouate se conserve ainsi sèche et fraîche; l'air en passant sur elle se débarrasse de tout ce qu'il tenait en suspension.

XI

RESPIRATEUR DES POMPIERS.

Nous voici donc amenés par nos premières expériences théoriques en présence d'une foule de considérations pratiques. On peut aller plus loin encore. J'ai toujours admiré le courage de nos pompiers et quand j'eus appris que la fumée était pour eux un ennemi plus sérieux que la flamme elle-même, j'essayai d'imaginer un respirateur à leur usage.

Chaque homme peut être muni de notre appareil de sauvetage et il est d'une importance évidente de permettre à chacun de pénétrer à travers la fumée la plus dense dans tous les recoins d'une maison, et d'y sauver ceux qui autrement seraient suffoqués ou brûlés. On essaya d'abord la ouate qui arrêtait si efficacement la poussière, mais bien qu'elle apportât quelque soulagement dans certaines fumées bénignes, elle ne pouvait lutter contre les fumées âcres d'un feu de résine, qui sont réellement abominables. Pour recueillir les poussières atmosphériques, M. Pouchet étendait sur un plateau de verre une couche mince de glycérine, la plaçait en travers du courant d'air et examinait la poussière qui s'y attachait. L'humectation de la ouate avec cette substance fut un perfectionnement marqué, mais cependant le respirateur ne nous permettait de séjourner dans une fumée dense que pendant trois ou quatre minutes ; l'irritation devenait alors insupportable. Nous fîmes cette réflexion que, dans une combustion si imparfaite que l'impliquait la production de fumées denses, il devait se former de nombreux hydrocarbures qui, se trouvant à l'état de vapeurs, devaient être imparfaitement arrêtés par le coton. Ces hydrocarbures, selon toute probabilité, devaient être la cause de l'irritation qu'on éprouvait, et si on pouvait les écarter il serait possible d'obtenir un respirateur pratiquement parfait.

Je rapporte le raisonnement exactement comme il se présenta à mon esprit. Beaucoup de mes auditeurs anticiperont sur son résultat. Tous les corps possèdent, à un degré plus ou moins grand, la propriété de condenser les gaz et les vapeurs sur leurs surfaces et, quand le corps condensateur est très-poreux ou se trouve dans un grand état de division, la force de condensation peut amener des effets très-remarquables. Ainsi, un fragment de feuille de platine, placé dans un mélange d'oxygène et d'hydrogène, unit si intimement les deux gaz qu'il les force à se combiner, et si l'expérience est faite avec soin la chaleur de la combinaison peut porter le platine au rouge vif. La promptitude de cette action s'accroît beaucoup si l'on réduit le platine à l'état de fine division. Une boulette d'éponge de platine, par exemple, plongée dans un mélange d'oxygène et d'hydrogène, amène instantanément l'explosion des deux gaz. En vertu de son extrême porosité, le charbon de bois possède le même pouvoir. Il n'est pas assez fort pour combiner l'oxygène et l'hydrogène comme le fait l'éponge de platine, mais il unit assez intimement les vapeurs les plus condensables et l'oxygène de l'air pour les amener à la distance qui permet la combinaison et la destruction des vapeurs par l'oxygène dans ses pores. On peut de cette façon brûler virtuellement des effluves de toute espèce ; c'est là le principe des excellents respirateurs à charbon de bois inventés par le docteur Stenhouse. Vous pouvez avec eux braver les odeurs les plus infectes sans que votre nez en soit le moins du monde offensé.

Mais ce respirateur, si efficace pour arrêter les vapeurs, est sans effet sur la fumée dont les particules le traversent librement. Dans un grand nombre d'expériences faites sur ces appareils, la durée du séjour n'était que d'une demi-minute à une minute. On peut dépasser ce temps par la méthode si simple indiquée par Faraday, de vider complétement les poumons et de les remplir avant de pénétrer dans une atmosphère chargée de fumée. En réalité, chaque particule solide de fumée est elle-même un morceau de charbon qui porte à sa surface ou dans ses pores sa petite charge de vapeur irritante. Ce sont ces vapeurs entraînées, beaucoup plus que les particules de charbon elles-mêmes, qui produisent l'irritation. On a donc deux ennemis à combattre : les particules de carbone qui transportent l'agent irritant par adhérence ou par condensation, et la vapeur libre qui accompagne les particules. Je savais déjà que le coton humecté arrê-

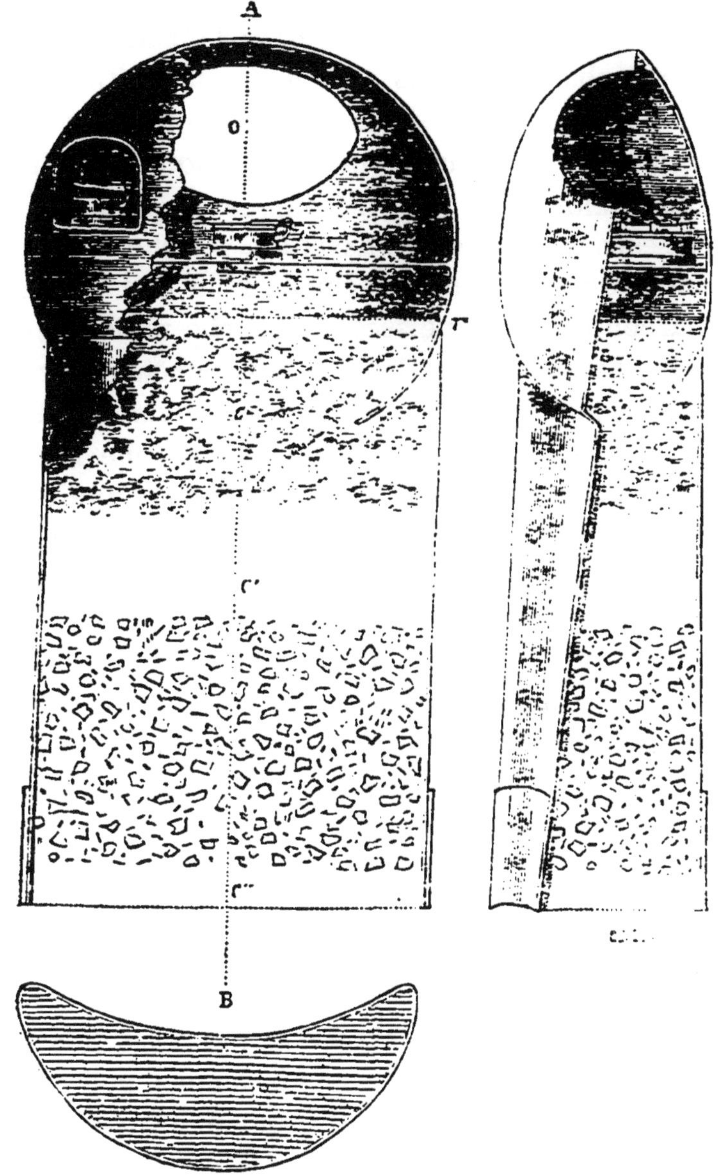

Fig. 3.

terait les premières, j'espérai que des morceaux de charbon de bois arrêteraient la seconde. Dans le premier respirateur de pompiers on conserva les deux valves de M. Carrick, l'une pour l'inhalation, l'autre pour l'exhalation, mais on donna à la partie de l'appareil qui contient les substances filtrantes et absorbantes une longueur de quatre à cinq pouces (fig. 3). Sous la cloison en toile mécanique *qr* placée au fond de l'espace qui s'étend devant la bouche, on dispose une couche de ouate sèche *c'*, puis une couche de charbon et enfin une seconde couche mince de ouate sèche. La succession des couches peut être intervertie sans inconvénient. Un couvercle en toile métallique, représenté en plan dans la figure, empêche les substances de tomber. On a ajouté également une couche de chaux caustique pour l'absorption de l'acide carbonique, mais dans les fumées les plus denses que nous ayons employées, nous ne l'avons jamais trouvée nécessaire ; nous ne l'avons pas indiquée dans la figure. Dans un édifice en flammes, le mélange de l'air avec la fumée ne permet jamais à l'acide carbonique de devenir assez abondant pour être irrespirable, mais dans un endroit où ce gaz se présente en quantité anormale, les morceaux de chaux adoucissent considérablement son action.

Les premières expériences furent faites dans une petite chambre en forme de cellule, pavée et muraillée en pierre. Nous y plaçâmes trois fourneaux remplis de bois de pin résineux auquel nous mîmes le feu, et en plaçant au-dessus un couvercle pour empêcher la circulation trop active de l'air, nous obtinmes des masses épaisses de fumée. Les yeux protégés par des verres, nous sommes restés, mon aide et moi, pendant une demi-heure et plus au milieu d'une fumée si dense et si âcre qu'une seule inhalation à bouche libre eût été tout à fait insupportable. Nous aurions pu y séjourner plusieurs heures.

Quand j'eus perfectionné à ce point l'instrument, j'écrivis au commandant de la brigade métropolitaine, pour lui demander si un respirateur de ce genre pouvait lui être utile. Il me répondit aussitôt qu'il serait précieux. Il avait suivi attentivement tous les essais de ce genre tant dans notre pays qu'à l'étranger, mais aucun ne lui avait paru pratique. Il s'offrait enfin à venir l'essayer ici ou à mettre une salle à ma disposition dans la cité. A ma demande il vint ici, accompagné de trois de ses hommes. Notre petite chambre fut remplie de fumée à leur entière satisfaction. Les trois hommes y entrèrent successivement et y restèrent aussi longtemps que le capitaine Shaw le désira. En sortant, ils déclarèrent qu'ils n'avaient pas éprouvé la moindre incommodité et qu'ils auraient pu rester toute la journée dans la fumée. Le capitaine Shaw essaya lui-même le respirateur avec le même résultat et prit dans la suite un grand intérêt au perfectionnement de l'instrument.

On a récemment amélioré de diverses manières le respirateur de fumée. Le capuchon du capitaine Shaw a été remplacé par la pièce de bouche plus simple et moins coûteuse de M. Sinclair, et celle-ci à son tour a été simplifiée et perfectionnée par mon aide M. John Cottrell. Le respirateur est aujourd'hui fort demandé et il a déjà rendu de grands services pratiques. Certains soins, cependant, sont nécessaires pour humecter le coton avec la glycérine. Il faut le manipuler soigneusement de façon à humecter chaque fibre et à éviter les grumeaux. Je ne puis recommander les couches de flanelle humectée qui, dans certains cas, ont été employées au lieu de ouate ; rien n'égale celle-ci quand elle est soigneusement traitée.

Une expérience faite l'an dernier montre tout à la fois l'absolue nécessité d'un tassement méthodique de la ouate et la force de résistance relativement énorme que présentent nos pompiers et l'officier éminent qui les commande, à l'irritation causée par la fumée. Ayant appris du capitaine Shaw que dans certaines expériences très-difficiles il avait obtenu les meilleurs effets de la ouate sèche, et persuadé d'un autre côté que je ne pouvais m'être trompé dans mes premiers résultats qui montraient la ouate sèche bien inférieure à la ouate humectée et associée au charbon de bois, je lui proposai de mettre la chose à l'épreuve dans ses ateliers de la Cité. Il voulut bien accepter ma proposition et je m'y rendis le 7 mai 1874. La fumée fut produite avec de la paille humide dans un espace confiné ; on peut la qualifier d'infernale. Je suis ordinairement un peu abattu à cette époque de l'année et ne me trouve point par conséquent dans de très-bonnes conditions pour me livrer à ces dures expériences, mais je voulus néanmoins tenter l'épreuve en personne. Muni d'un respirateur qui avait servi quelques jours auparavant et qui n'était pas soigneusement tassé, je suivis dans la fumée un pompier porteur d'un respirateur à ouate sèche. Je fus forcé de quitter la place au bout de trois minutes ; le pompier y resta six ou sept minutes.

J'essayai alors son respirateur sur moi-même et je

trouvai qu'avec lui je ne pouvais rester plus d'une minute dans la fumée ; la première inhalation provoquait même la toux.

Dans l'idée que le capitaine Shaw avait sans doute des poumons ressemblant plus aux miens que ceux de son pompier, je lui proposai d'essayer ensemble les respirateurs, mais il me répondit que ses poumons étaient très-forts. Il accéda cependant à ma demande. Avant de pénétrer une seconde fois dans l'antre enfumé. j'eus la précaution de tasser à nouveau mon respirateur et j'entrai dans la fumée en compagnie du capitaine Shaw. Je l'entendais respirer par longues et lentes inhalations ; son travail était certainement plus grand que le mien et au bout de sept minutes je l'entendis tousser. Au bout de sept minutes et demie il dut quitter la place après avoir prouvé que ses poumons pouvaient supporter l'irritation sept fois aussi longtemps que les miens. Je restai seize minutes dans la fumée, presque sans malaise, et certainement j'aurais pu y rester beaucoup plus longtemps. L'avantage résultant de l'emploi de la glycérine était donc mis hors de doute.

Pendant tout ce temps j'aurais pu porter très-efficacement secours à une personne en danger de suffocation.

XII

HELMHOLTZ ET LA FIÈVRE DES FOINS.

Dans mon discours de 1870 sur la Poussière et la Maladie, je fis allusion à une expérience faite par

Helmholtz sur lui-même et qui rattachait d'une façon frappante la fièvre des foins à la vie animalculaire. Il y a environ un an, je reçus du professeur Binz, de Bonn, une note brève mais importante, embrassant l'ensemble des observations de Helmholtz augmentées de quelques remarques du professeur Binz lui-même. Cette note étant surtout destinée aux médecins anglais fut publiée en anglais et, bien qu'on puisse corriger son style en maints endroits, je crois qu'il est préférable de la reproduire telle quelle.

De ce que j'ai pu lire des récentes publications anglaises sur la fièvre des foins, dit le professeur Binz, je suis amené à supposer que les autorités de ce pays sont inexactement informées de la découverte faite par Helmholtz dès 1868 de l'existence d'organismes inférieurs dans les sécrétions nasales propres à cette affection, et de la possibilité d'arrêter leur action par l'emploi local de la quinine. Je me propose donc de publier de nouveau la lettre par laquelle il m'annonça ces faits à l'origine et d'y ajouter quelques observations nouvelles sur le même sujet.

Voici cette lettre :

« J'ai souffert, depuis 1847 si ma mémoire est fi-
« dèle, du catharre particulier appelé par les Anglais
« *fièvre des foins,* » dont le caractère spécial est d'at-
« taquer régulièrement ses victimes à la saison des
« foins (entre le 20 mai et la fin de juin pour ce qui
« me concerne), de cesser quand la température s'a-
« baisse, mais au contraire d'atteindre rapidement
« une grande intensité si les malades s'exposent à la
« chaleur et au soleil. Il se produit alors des éternue-

« ments extraordinairement violents et une sécrétion
« claire et fort corrosive qui entraîne avec elle beau-
« coup d'épithélium. Cette sécrétion finit par amener
« après quelques heures une inflammation pénible
« de la membrane muqueuse et de l'extérieur du nez
« et une fièvre accompagnée de violents maux de tête
« et d'une grande dépression, si le malade ne peut se
« soustraire à la chaleur et au soleil. Dans une cham-
« bre fraîche cependant, ces symptômes disparais-
« sent aussi rapidement qu'ils sont venus ; il reste
« pendant quelques jours une sécrétion moins abon-
« dante et de la sensibilité, causée sans doute par la
« perte de l'épithélium. Je ferai remarquer, en pas-
« sant, que dans la première partie de ma vie j'avais
« très-peu de disposition à m'enrhumer et à prendre
« froid, tandis que la fièvre des foins ne m'a jamais
« manqué pendant les vingt et un ans dont j'ai parlé
« et ne m'a jamais attaqué avant ou après les dates
« que j'ai indiquées. Cet état est extrêmement désa-
« gréable et se transforme en maladie excessivement
« sérieuse si l'on est obligé de s'exposer beaucoup au
« soleil.

« Cette relation curieuse de la maladie avec les sai-
« sons me suggéra l'idée que des organismes pou-
« vaient être la cause du mal. En examinant la sécré-
« tion, j'y trouvai régulièrement dans les cinq der-
« nières années certains corps du genre vibrion *que*
« *je ne pouvais découvrir en autre temps* dans mes
« sécrétions nasales. Ils sont très-petits et ne peuvent
« être reconnus qu'avec la lentille à immersion d'un
« très-bon microscope de Hartnack. Comme carac-
« téristique, chaque série isolée contient quatre

« noyaux (nuclei) alignés, parmi lesquels deux cou-
« ples sont plus étoitement unis. La longueur des
« séries est de 4 millièmes de millimètre.

« En chauffant le porte-objet, ils se meuvent avec
« une activité modérée ; ce sont tantôt de simples
« vibrations, tantôt des mouvements brusques en
« avant et en arrière dans la direction de leurs longs
« axes. Dans une température plus basse ils sont
« presque inactifs. On les trouve parfois disposés en
« files ou en séries ramifiées. Observés plusieurs jours
« dans la chambre humide, ils se développaient et
« semblaient plus gros et plus apparents qu'au mo-
« ment de leur expulsion. Il est à remarquer qu'on
« ne les trouve que dans la sécrétion expulsée par des
« éternuements violents ; celle qui s'écoule lentement
« n'en contient aucun. Ils s'attachent d'une façon assez
« tenace dans les cavités basses et les replis du nez.

« Aussitôt après avoir lu votre première notice sur
« l'action vénéneuse de la quinine sur les infusoires
« je résolus d'essayer cette substance, persuadé que
« ces vibrionés, en admettant même qu'ils ne cau-
« sassent pas entièrement le mal, le rendaient cepen-
« dant beaucoup plus pénible par leurs mouvements
« et les décompositions qu'ils provoquaient. Je pré-
« parai donc une solution neutre de sulfate de quinine
« très-faible, au $\frac{1}{800}$, mais cependant assez efficace et
« qui ne causait qu'une irritation modérée de la mu-
« queuse nasale. Je me couchai sur le dos, la tête
« très-basse, et à l'aide d'une pipette, j'introduisis
« environ 4 centimètres cubes de la solution dans les
« deux narines. J'inclinai alors la tête pour promener
« le liquide dans toutes les directions.

« L'effet désiré fut immédiatement obtenu et sub-
« sista pendant quelques heures ; je pouvais m'ex-
« poser au soleil sans accès d'éternuement et les
« autres symptômes désagréables. Ce résultat suffit
« pour me faire répéter le traitement trois fois par
« jour, même dans les circonstances les plus défa-
« vorables, afin de me guérir complétement [1]. Je ne
« trouvai plus alors aucun vibrion dans les sécrétions.
« Seulement, si je sors dans la soirée, il suffit de
« prendre une injection de quinine au moment de
« sortir. Après quelques jours de ce traitement, les
« symptômes disparaissent complétement, mais si je
« viens à le cesser, ils reparaissent jusque vers la fin
« de juin.

« Mes premières expériences avec la quinine datent
« de l'été de 1867 ; cette année (1868), j'ai commencé
« le traitement dès les premiers symptômes et j'ai pu
« ainsi arrêter complétement leur développement.

« J'ai hésité jusqu'ici à publier ces observations
« parce que je n'ai trouvé aucun autre sujet sur
« qui tenter l'expérience [2]. En présence de cette ré-
« gularité extraordinaire dans le retour et la marche
« de la maladie, il n'y a, me semble-t-il, aucun doute
« que la quinine n'ait ici un effet très-rapide et très-
« décidé. Ce fait ne rend encore que plus probable
« mon hypothèse, que les vibrions, s'ils ne sont même
« qu'une forme très-fréquente mais non spécifique,

---

1. L'objection que l'injection nasale ne peut guérir l'asthme
qui accompagne la fièvre des foins est sans fondement, car cet
asthme n'est que l'effet réflexe de l'irritation du nez.

2. Helmholtz, aujourd'hui professeur de physique à l'Université de Berlin, n'exerce pas bien, qu'il soit docteur en médecine.

« sont au moins la cause de l'aggravation rapide des
« symptômes à la chaleur, qui provoque chez eux des
« mouvements rapides. »

Je serais très-heureux si les lignes ci-dessus enga-
geaient les médecins d'Angleterre — la patrie de la
fièvre des foins — à vérifier les observations de
Helmholtz. Pour la plupart des malades, l'application
avec la pipette serait peut-être trop difficile ou même
impossible ; j'ai donc conseillé l'usage de la douche
nasale de Weber, très-simple et très-efficace. Il serait
aussi à recommander d'employer la solution de quinine *tiède.* On ne peut trop répéter en outre que la
quinine est souvent altérée, surtout avec la cinchonie,
sur l'action de laquelle on peut beaucoup moins
compter.

Le Dr Frickhofer m'a communiqué un second cas
de guérison de la fièvre des foins par des applications
locales de quinine. Le professeur Busch, de Bonn,
m'autorise à dire qu'il a réussi dans deux cas de
« catarrhus æstivus » par la même méthode. Un troisième malade fut obligé de cesser l'usage de la quinine parce qu'elle produisait une irritation insupportable des nerfs sensitifs du nez. Pendant l'automne
de 1872, Helmholtz me dit que sa fièvre était tout à
fait guérie et qu'en même temps deux autres malades
avaient, sur son conseil, essayé la même méthode et
avec le même succès.

II

LES CRISTAUX
ET LA FORCE MOLÉCULAIRE

1874

———

Le discours qu'on va lire fut prononcé par M. Tyndall dans la salle du Libre Echange à Manchester, le 28 octobre 1874.

Quelques mois auparavant, M. Tyndall, qui présidait la session de l'Association Britannique réunie à Belfast, avait pris pour sujet de son discours d'ouverture l'histoire de la théorie atomique. Parti de ces grands philosophes qui s'appelèrent Démocrite, Épicure, Lucrèce, il en avait suivi le développement à travers l'antiquité et le moyen âge pour en arriver aux derniers et illustres représentants de l'école naturaliste contemporaine, les Spencer, les Darwin, etc. [1].

1. La traduction de ce remarquable travail se trouve dans « la Revue scientifique de la France et de l'Etranger. » 2ᵉ semestre de 1874.

Ce discours fit grand bruit en Angleterre. Les sympathies avouées de l'orateur pour les doctrines matérialistes soulevèrent des polémiques ardentes où le clergé se distingua par la violence de ses attaques.

Ces quelques mots d'introduction éclaireront les allusions à ce conflit qui se rencontrent à divers endroits de la conférence qui suit.

(Note du traducteur.)

Pendant une visite que je fis il y a quelques années à l'une des grandes écoles du pays, le principal me pria de donner une leçon à l'une de ses classes. J'y consentis à la condition qu'il me donnât pour auditeurs ses plus jeunes élèves, ce à quoi il souscrivit volontiers. Après m'être demandé ce que je pourrais dire à ces enfants, j'allai au village voisin acheter du sucre candi : c'était mon appareil de démonstration.

La classe étant réunie, je commençai par décrire le mode de formation du sucre candi et des autres cristaux artificiels et j'essayai de représenter d'une façon frappante à ces jeunes esprits les procédés architecturaux de la cristallisation. Ils m'écoutèrent avec le plus vif intérêt. J'examinai le cristal devant eux, je leur montrai ses différentes faces et ses angles; quand ils virent que dans une certaine direction il pouvait se diviser en lames minces avec de brillantes surfaces de clivage, leur joie fut à son comble. Ils n'avaient aucune idée que cette chose qu'ils avaient croquée et sucée toute leur vie pût contenir tant de beautés cachées. Je passai une heure des plus amusantes avec ces jeunes philosophes, et à la fin de la leçon je vidai mes poches parmi eux et je leur permis de reprendre sur le sucre candi les expériences habituelles aux petits garçons.

Je vais traiter pendant une heure devant cette grande assemblée, au risque de passer vis-à-vis d'elle pour impertinent, le même sujet que j'avais choisi pour ma classe. Je cours en outre le risque de vous fatiguer, sans compter le désavantage de ne pouvoir, à la fin de mon discours, rendre la matière amusante par le procédé que j'adoptai à la fin de ma leçon aux enfants. Je vais cependant tenter l'expérience.

Nous avons à considérer ce soir quelques-uns des phénomènes de la cristallisation, mais pour retracer la genèse des idées adoptées aujourd'hui sur ce sujet, il nous faut remonter loin en arrière.

En bandant son arc, en lançant sa javeline, en jetant une pierre, en soulevant des fardeaux, en se livrant à des combats corps à corps, le sauvage lui-même se familiarise avec l'opération d'une force. Ses premiers efforts furent employés à se procurer la nourriture et l'abri, mais des périodes d'exercice pendant lesquelles son pouvoir fut dirigé contre la nature, contre sa proie, contre son semblable, lui apprirent la prévoyance. Il amassa au bon moment des provisions de nourriture qui lui donnèrent le temps de regarder autour de lui, de devenir un observateur et un chercheur. Il découvrit deux choses qui doivent avoir vivement piqué sa curiosité, car il nous a transmis le souvenir de sa découverte. Il trouva qu'une espèce de résine, coulant du flanc d'un arbre, possédait, quand on la frottait, la propriété d'attirer les corps légers et les forçait à s'attacher à elle. Il trouva, d'un autre côté, qu'une espèce particulière de pierre exerçait une action semblable sur une espèce particulière de métal. Je fais évidemment ici allusion à l'ambre électrisé, à la pierre d'aimant ou aimant naturel et à sa propriété d'attirer les particules de fer. L'expérience avait déjà mis notre chercheur primitif à même de distinguer entre une traction et une impulsion. Tous les efforts musculaires peuvent en réalité se diviser en impulsions et en tractions. Son expérience agrandie lui montra que, dans le cas de l'ambre et de l'aimant, des impulsions et des tractions, ou en d'autres termes des attractions et des répulsions s'exerçaient également, et par une sorte de transposition poétique, il appliqua aux choses extérieures les conceptions dérivées de l'exercice de sa propre force musculaire. L'aimant et l'ambre frottés, poussaient et tiraient, eux aussi; en d'autres termes, ils exerçaient de la force.

A l'époque du grand Bacon, le champ de ces attractions et de ces répulsions fut considérablement agrandi par le docteur Gilbert. Le docteur Gilbert, on peut le présumer, avait un caractère plus hardi, une pénétration plus grande que Bacon lui-même. Il fut de plus l'un des premiers à entrer dans cette voie de recherches expérimentales sévères qui ont rendu la science physique presque aussi stable que le système de la nature qu'elle prétend expliquer. Gilbert prouva qu'une multitude d'autres corps exerçaient, quand on les frottait, la même action qu'on avait observée dans l'ambre des milliers d'années auparavant. La notion de l'attraction et de la répulsion dans la nature extérieure devint ainsi familière. L'expérience avait prouvé que des corps entre lesquels n'existait aucun lien visible, aucune connexion, avaient le pouvoir d'agir l'un sur l'autre, et ce pouvoir en vint à s'appeler techniquement *action à distance*.

Mais de l'expérience scientifique, il sort toujours quelque chose de plus beau que l'expérience elle-même. Celle-ci, en réalité, n'est là que pour servir de sol à des plantes de croissance plus hardie, et cette observation de l'action à distance fournit des matériaux à l'étude du plus grand des problèmes.

Les corps, observa-t-on, tombaient sur la terre. Pourquoi tombaient-ils? Pourquoi ne volaient-ils pas droit dans l'espace? En supposant que d'un point de la croûte rocheuse du globe une chaîne fermement fixée et fortement tendue s'élançât vers le soleil, nous pourrions en conclure que la terre est retenue dans son orbite par la chaîne, que le soleil fait tourner la terre autour de lui comme l'enfant fait tourner autour de sa tête une balle au bout d'une ficelle.

Mais qu'est-il besoin d'une chaîne? demande l'esprit spéculatif. C'est un fait d'expérience que les corps peuvent s'attirer mutuellement à distance et sans l'intervention d'aucune chaîne. Pourquoi le soleil et la terre ne s'attireraient-ils pas de cette façon? Et pourquoi la chute des corps ne serait-elle pas le résultat de leur attraction par la terre? Nous tenons ici une de ces pensées plus hardies qui s'élancent du sol fertile de l'observation. Partis du sauvage et de ses sensations de force musculaire, nous passons à l'observation de la force exercée entre un aimant ou l'ambre électrisé et les corps qu'ils attirent et nous nous élevons, par un développement continu d'idées, à la conception de la force qui réunit le soleil et les planètes.

Cette idée de l'attraction entre les planètes et le soleil était devenue commune au temps de Newton. Il se mit à la creuser et ici comme toujours nous voyons l'esprit de théorie chercher ses matériaux dans l'expérience. Newton avait observé, dans le cas des corps magnétiques et électriques, que plus ces corps se trouvaient rapprochés les uns des autres, plus devenait forte l'action qui s'exerçait entre eux; il avait observé, d'autre part, qu'en augmentant la distance, la force diminuait jusqu'à devenir insensible. On inféra de là que l'action présumée entre la terre et le soleil était influencée par leur distance mutuelle. Déjà l'on avait fait des conjectures sur la manière exacte dont la force variait avec la distance, mais chez Newton ces conjectures furent appuyées par le témoignage sévère de l'expérience et du calcul. Comparant l'action de la terre sur un corps placé près de sa surface avec son action sur la lune à une distance de 240,000 milles, Newton établit rigoureusement la loi de variation avec la distance et mit ainsi entre nos mains un principe qui nous permet de fixer la date d'événements astronomiques dans le passé historique le plus lointain, comme dans l'avenir le plus éloigné.

Mais tout en s'acheminant vers ce but sublime, le grand esprit de Newton s'assimila d'autres conceptions, dont quelques-unes, il est vrai, servirent de marchepied au résultat final. Voici celle qui, aujourd'hui, nous concerne davantage. Suivant Newton, non-seulement le soleil attire la terre et la terre attire le soleil *comme un tout*, mais chaque particule du soleil attire chaque particule de la terrre, et réciproquement. Sa conclusion était que l'attraction des masses est simplement la somme des attractions de leurs particules constituantes.

Ce résultat semble si évident que peut-être vous étonnerez-vous de me voir y insister, mais il forme réellement une étape dans la suite de nos idées sur la force. Vous avez sans doute entendu parler dans ces derniers temps de certains perturbateurs de la paix publique nommés Démocrite, Épicure et Lucrèce. Ces hommes adoptèrent, développèrent et répandirent la doctrine dangereuse des atomes et des molécules, doctrine qui trouva son achèvement dans cette ville de Manchester, aux mains de l'immortel John Dalton. Les grands païens que je viens de nommer, et leurs successeurs jusqu'au temps de Newton, avaient dépeint leurs atomes comme tombant ou volant à travers l'espace, se heurtant, s'accrochant par des griffes et des crocs imaginaires. Ils manquaient entièrement de cette idée centrale que les atomes et les molécules se réunissent, non par leur choc fortuit, mais par leur attraction mutuelle propre. C'est là un des grands pas faits par Newton : il familiarisa le monde avec l'idée de la *force moléculaire*.

Dans le cas de l'électricité et du magnétisme on avait observé que l'action de la force était double, on avait vu que toujours la répulsion accompagnait l'attraction. L'électricité et le magnétisme étaient des exemples de ce qu'on appelle *forces polaires* et, dans le cas du magnétisme, l'expérience elle-même poussa irrésistiblement l'esprit au-delà des limites de l'expérience, en le forçant à conclure que la polarité de l'aimant résidait dans ses molécules. Je tiens une barre d'acier par son milieu, entre le pouce et l'index. Une moitié de la barre attire, l'autre repousse l'extrémité nord d'une aiguille magnétique. Je brise la barre au milieu, qu'arrive-t-il? Le point central ou équateur du magnétisme s'est réfugié au centre de la nouvelle barre. Cette moitié qui, il n'y a qu'un instant, attirait sur toute sa longueur le pôle nord d'une aiguille magnétique est maintenant divisée en deux nouvelles moitiés dont l'une, toute entière, attire, et dont l'autre, toute entière repousse le pôle nord de l'aiguille. Chaque partie ainsi séparée se montre donc aimant aussi parfait que le tout. Vous pouvez briser cette moitié et continuer à la briser jusqu'à ce que la petitesse des fragments rende la chose impossible, vous finirez par trouver que le plus petit de ces fragments est doué de deux pôles et qu'il est par conséquent un aimant parfait. Mais vous ne pouvez vous en tenir là. Vous *imaginerez* ce que vous ne pouvez expérimenter et vous arriverez à cette conclusion, admise par tous les hommes de science, que cet aimant que vous pouvez voir et sentir est un assemblage d'aimants moléculaires que vous ne pouvez voir ni sentir, mais que vous devez discerner intellectuellement.

C'est dans cette faculté d'extension idéale que réside en grande partie la différence entre les grands investigateurs et les médiocres. L'homme qui ne peut franchir les limites de l'expérience et qui s'en tient à la région des faits sensibles, peut être un excellent observateur, mais il n'est pas philosophe et il n'atteindra jamais à ces principes qui rendent organiques les faits scientifiques. Certainement on peut abuser des facultés spéculatives comme de toutes les bonnes choses, mais il n'est pas à prévoir que l'abus doive venir des hommes de science. Quand, il y a plus de trente ans, un de vos concitoyens expliquait la chaleur de la combinaison chimique en l'attribuant au choc des atomes se heurtant dans leur chute il dépeignait une image présente à son esprit mais tout à fait hors de l'atteinte de ses sens. C'était pourtant une image d'où sont sorties des conséquences mémorables, entre autres celle-ci, personnelle à son auteur. Les murs de cette salle du Libre Échange ou plutôt de celle qui l'a précédée ont retenti des discours de Cobden, de Bright et de Wilson. Au moment où leurs paroles roulaient par le monde, dans cette ville même, un ouvrier de la science, silencieux et opiniâtre, creusait ce problème : Comment la force mécanique peut-elle s'extraire de la chaleur? Et par enchaînement, il touchait à des questions bien plus élevées. Sa lutte fut victorieuse : il soumit son problème à la lumière éclatante de la démonstration expérimentale. Eh bien, j'ose affirmer qu'aucun de ces grands orateurs, de ces grands politiques que je viens de nommer, qu'aucun de vos plus grands princes industriels ne jouira d'une gloire plus pure, plus durable, plus enviable que James Prescott Joule; j'ose affirmer enfin qu'il n'est pas d'homme parmi eux dont Manchester sera plus justement fière que de ce modeste brasseur, ce grand savant.

Mais poursuivons le développement de nos idées de force. Nous avons appris que le magnétisme est une force polaire et l'expérience indique qu'une force de cette nature peut exercer un certain pouvoir structural. On sait, par exemple, que de la limaille de fer groupée autour d'un aimant, s'arrange en lignes définies, appelées par quelques-uns « courbes magnétiques » et par Faraday « lignes de force magnétique. » Dans ces résultats observés de la polarité magnétique, nous trouvons matière à conception dans un champ éloigné en apparence. Vous pouvez faire vous-mêmes quelques expériences rapides avec un aimant quelconque. Voici devant moi deux aimants recouverts d'une feuille de papier. Si l'on jette de la limaille de fer sur ce papier et qu'on le secoue légèrement, la limaille s'arrange d'une façon singulière. Il y a ici une force polaire en action, et chacune de ces particules de fer répond à cette force. Il en résulte un certain arrangement structural, une sorte d'effort architectural de la limaille de fer. Voilà un fait d'expérience qui, comme vous le voyez immédiatement, fournit de nouveaux matériaux à l'esprit pour son raisonnement et lui permet de s'éclairer, de se satisfaire sur des phénomènes en apparence bien éloignés.

Vous ne pouvez pénétrer dans une carrière et scruter la texture de ses roches sans vous apercevoir qu'elle n'est pas parfaitement homogène. Si c'est une carrière de granit, vous voyez que les roches sont une agglomération de cristaux de quartz, de mica et de feldspath. Si les roches sont sédimentaires vous les trouvez en grande partie composées de particules cristallines dérivées de roches plus anciennes. Si c'est une carrière de marbre, vous découvrez que la cassure des roches est également cristalline. Les cristaux sont en réalité partout. Si vous cassez un morceau de sucre, la surface de fracture se montrera formée de petites surfaces brillantes et cristallines. Il en est de même pour la fonte et concurremment avec son but principal qui est de chasser du métal fondu les gaz qu'il emprisonne, votre célèbre concitoyen sir Joseph Whitworth, en pétrissant comme de l'argile ses masses d'acier incandescentes, possède encore un autre but, celui d'abolir cette structure cristalline. Les surfaces brillantes qu'on observe dans la cassure qui nous occupe sont des surfaces de faible cohésion, et en examinant des cristaux plus gros et mieux développés, vous en découvrez bientôt la raison. J'essaie avec la lame de mon canif d'entamer de divers côtés ce cristal de sucre dont j'ai déjà parlé au début de ce discours et je trouve sa dureté grande, mais je finis par découvrir une direction suivant laquelle il se fend nettement sous la lame, en dévoilant deux brillantes surfaces de clivage. Vous retrouvez ces surfaces dans la cassure de la fonte et leur disparition renforce le métal. D'autres cristaux se fendent beaucoup plus facilement que le sucre.

Dans le cours de l'investigation scientifique, comme j'ai essayé de vous le démontrer, nous sortons continuellement du monde physique où nous observons des faits pour pénétrer dans un monde extraphysique où les faits éludent toute observation et où nous devons nous rejeter sur la faculté descriptive de l'esprit. De l'accord ou du désaccord de l'image que nous formons avec l'observation qui la suit, dépendra son maintien ou sa disparition. Si cette image représente une réalité, elle s'impose à nous; sinon elle s'évanouit comme une photographie non fixée en présence de la lumière.

Laissez-moi vous en donner un exemple. Vous savez comme il est facile de cliver les roches schisteuses. Vous savez aussi que Snowdon, Honister Crag et d'autres collines des Galles et du Cumberland peuvent ainsi se cliver de la base au sommet. Comment ce clivage s'est-il produit? Par un simple dépôt, par stratification, me répondrez-vous. Mais la réponse n'est pas correcte, car — on peut s'en assurer à Henslow et à Sedgwich — le clivage coupe souvent la stratification à angle droit. Eh bien, ici comme dans d'autres cas, l'esprit s'efforçant de trouver une cause, est passé du monde du fait dans le monde de l'imagination et on a supposé que le clivage ardoisier, comme le clivage cristallin, était le résultat d'une force polaire. Et vraiment, on peut appeler à son aide, pour appuyer cette idée, une expérience intéressante de M. Justin Grove.

J'ai ici, dans un cylindre fermé par des verres, une boue magnétique formée de petites particules d'oxyde de fer en suspension dans l'eau. Vous pouvez rendre polaires ces particules en suspension en faisant passer un courant électrique autour du cylindre, et vous démontrez en même temps une conséquence frappante de cette action. En ce moment les particules sont mélangées en désordre dans le liquide, mais dès que le courant passe, elles placent toutes leurs grands axes parallèlement à une direction commune. Avant la circulation du courant, le plus fort rayon de lumière peut à peine traverser ce milieu trouble, mais dès qu'agit le courant, on voit la lumière frapper l'écran. Si vous imaginez maintenant que la boue des roches schisteuses a subi cette action de façon que toutes ses particules eussent leurs longueurs dans la même direction, ces particules longues et plates, en se solidifiant, produiront certainement un clivage.

Nous voici en présence d'une de ces « photographies non fixées » dont nous parlions tout à l'heure. Si plausible en effet que paraisse cette explication, elle n'est pas la vraie : le clivage des schistes ardoisiers n'est pas cristallin; il est, comme Sharpe, Sorby et moi-même l'avons montré, dû à la pression.

Les formes extérieures des cristaux sont variées et magnifiques. Un cristal de quartz, par exemple, est un prisme à six côtés, surmonté à chaque extrémité d'une pyramide à six faces. Le sel de roche, si commun chez vos voisins du Cheshire, cristallise en cubes et peut se cliver en cubes jusqu'à ce que la petitesse des fragments rende le clivage impossible. On prouve ainsi que le sel de roche possède trois plans de clivage perpendiculaires entre eux. Le spath d'Islande a aussi trois plans de clivage, mais ils sont obliques et non perpendiculaires et le cristal est, par conséquent, un rhomboèdre au lieu d'un cube. Divers cristaux, cependant, se clivent avec plus ou moins de facilité, suivant les directions. Un plan de clivage principal existe dans ces cristaux, accompagné d'autres plans d'égale ou d'inégale valeur relativement à la facilité du clivage. La baryte sulfatée, par exemple, se clive en prismes avec un losange ou rhombe pour base. Le clivage se fait très-facilement suivant l'axe du prisme et les deux autres plans sont de même valeur. La sélénite, ou gypse spathique, se clive avec une extrême facilité dans une direction, plus difficilement dans deux autres.

En examinant ces beaux édifices et leur structure interne, l'esprit réfléchi s'est posé cette question : Comment ces cristaux ont-ils été construits ? Quelle est l'origine de la structure cristalline ? Sans franchir les limites de l'expérience, nous ne pouvons même essayer de répondre à cette question.

Nous nous sommes formé une idée claire de la force polaire ; nous savons qu'une pareille force peut résider dans les molécules et les plus petites particules de matière et que, par le jeu de cette force, un arrangement structural peut se produire. Que fera donc naturellement l'esprit, muni de ces prémisses, pour répondre à notre question de tout à l'heure ? Eh bien, poussé à dépasser l'expérience par sa tendance vers l'unité de principe, il douera les atomes et les molécules dont sont formés ces cristaux de pôles définis, d'où sortent des attractions et des répulsions pour d'autres pôles. En vertu de ces attractions et de ces répulsions, certains pôles se réunissent, d'autres s'éloignent ; l'atome s'ajoute ainsi à l'atome, la molécule à la molécule, non pas en désordre, au hasard, mais doucement et symétriquement, suivant des lois plus rigides que celles qui guident l'architecte humain dans la juxtaposition de ses briques et de ses pierres. Par ce jeu de particules invisibles, nous voyons s'élever devant nos yeux ces structures exquises auxquelles nous donnons le nom de *cristaux*.

Dans les spécimens qu'on a jusqu'ici placés devant vous, le travail de l'architecte atomique est complet :

vous allez le voir à l'œuvre. Mais d'abord, je vais essayer de mettre en pièces sous vos yeux l'un de ses édifices les plus connus. Dans ce but, je choisis la glace ordinaire qui est le corps cristallin le plus commun. L'agent employé pour renverser les molécules de la glace est un rayon de chaleur. Envoyé avec précaution sur le cristal, ce rayon choisit certains points ; il agit en silence, renversant l'édifice cristallin et ramenant à la liberté du liquide les molécules enfermées auparavant dans une étreinte solide. Les espaces liquéfiés deviennent visibles sous une forte illumination. Nous voyons rayonner de points nombreux des fleurs dont chacune a six pétales, et devient de plus en plus grande tout en s'ornant de bords magnifiquement découpés. Ces fleurs montrent, si je puis m'exprimer ainsi, les peines, l'habileté et le sentiment exquis du beau déployés par la nature dans la formation de ce bloc de glace vulgaire.

Nous avons ici devant nous un procédé de démolition qui révèle clairement le procédé d'érection. Je veux cependant vous montrer les molécules occupées à suivre leurs instincts architecturaux et à se réunir pour construire. Vous savez comment se forment l'alun, le nitre, le sucre. La substance cristallisable est dissoute dans un liquide qu'on soumet ensuite à l'évaporation. La solution devient bientôt sursaturée, car l'évaporation n'emporte aucune particule solide, et alors les molécules, ne pouvant jouir plus longtemps de la liberté du liquide, se réunissent et forment des cristaux. Mon but en ce moment est de rendre cette opération assez rapide pour pouvoir la saisir, pas trop cependant pour ne pouvoir la suivre des yeux. Il faut pour cela un microscope solaire puissant et une source de lumière intense. Les voici tous deux. Je répands sur une mince plaque de verre une solution de sel ammoniaque ; j'enlève l'excès de liquide, mais il en reste une pellicule sur le verre. Le rayon employé pour illuminer cette pellicule active son évaporation et l'amène rapidement à l'état de sursaturation. Et maintenant, vous voyez le progrès régulier de la cristallisation sur l'écran tout entier.

Vous produirez le même effet en envoyant votre haleine sur les fougères de glace qui couvrent vos fenêtres en hiver, et laissant ensuite l'eau recristalliser. Aussitôt le feuillage, qui semble doué de vie, revêt les formes les plus belles.

Dans le cas qui nous occupe, la cristallisation est entravée par l'adhérence du liquide sur le verre ; le jeu de la force est néanmoins d'une beauté frappante. Dans l'exemple que je vais vous donner, nos cristaux ne seront plus aussi troublés par l'adhésion, car nous mettrons les atomes en liberté à une certaine distance de la surface du verre.

En envoyant un courant électrique dans l'eau, nous décomposons le liquide, et les bulles des gaz qui le constituent se dégagent sous nos yeux. En envoyant le même courant dans une solution d'acétate de plomb, le plomb devient libre et ses atomes, ainsi délivrés, s'érigent en cristaux d'une merveilleuse beauté. Les voici qui croissent devant vous comme des fougères aux mille rameaux, montrant des formes aussi étonnantes que celles qu'eût pu produire la vie elle-même. Le nitrate d'argent, ainsi décomposé, produit des arbres d'argent d'une beauté extraordinaire.

Le *mécanisme* de l'opération devient intelligible par l'image des pôles atomiques, mais il y a ici quelque chose que l'esprit de l'homme n'a pas encore saisi et qui, aussi loin qu'aient pénétré les recherches, se trouve joint d'une manière indissoluble à cette matière que nous méprisons. J'ai vu ces opérations des centaines de fois, mais jamais sans étonnement. Si vous m'accordez une courte digression, je vous dirai qu'au printemps, en regardant le feuillage qui pousse, les marguerites des champs, en prenant ma part de cette joie générale de la vie qui s'éveille, je me suis souvent demandé s'il n'était pas dans l'univers quelque puissance, être ou chose, qui connût mieux que moi ces secrets que j'ignore. Je me suis dit : Est-il possible que la science de l'homme soit la plus haute des sciences, sa vie la plus haute des vies? Mes amis, la profession de cet athéisme dont on m'accuse parfois si légèrement, serait une réponse impossible à cette question. A peine serait-elle préférable à ce théisme arrogant et informe qui règne encore en rampant dans certains esprits, comme un survivant d'un âge plus cruel.

Dans la formation de nos arbres de plomb ou d'argent, nous avons besoin d'un agent pour séparer le plomb et l'argent des acides avec lesquels ils se trouvaient combinés. Un agent semblable est nécessaire dans le monde végétal. La matière solide de nos arbres métalliques se trouvait dissimulée dans un liquide transparent ; la matière solide de nos bois et de nos forêts est aussi en grande partie dissimulée dans un gaz transparent formé par l'union du carbone et de l'oxygène et répandu par petites quantités dans l'atmosphère. Soumis à une action analogue, en quelque sorte, à celle du courant électrique dans le cas de nos solutions de plomb et d'argent, ce gaz abandonne son carbone et le dépose sous forme de fibres ligneuses. La vapeur aqueuse de l'air, soumise à une action semblable, voit son hydrogène se séparer de son oxygène et le premier, comme le carbone, entrer dans le tissu des arbres. Mais quel est donc l'agent qui, dans la nature, joue le même rôle que le courant électrique dans nos expériences? Les flots de lumière du soleil. Les feuilles des plantes absorbent tout à la fois l'acide carbonique et les vapeurs aqueuses de l'air. Dans les feuilles, les rayons solaires décomposent l'acide et l'eau, laissant dans les deux cas l'oxygène s'échapper dans l'air, et permettant au carbone et à l'hydrogène de suivre l'impulsion de leurs propres forces structurales. Et de même que les attractions moléculaires de l'argent ou du plomb se manifestent par la production de ces belles figures foliées que nous avons vues dans nos expériences, les attractions moléculaires du carbone et de l'hydrogène mis en liberté se manifestent dans l'architecture des herbes, des plantes et des arbres.

Dans la chute d'une cataracte, dans l'impulsion du vent, nous trouvons des exemples d'une force mécanique. Dans les combinaisons chimiques, dans la formation des cristaux et des végétaux nous voyons des exemples d'une force moléculaire, qui peut se transformer en effet mécanique. Relativement à ce dernier, le monde peut se diviser en deux espèces de matière, ou plutôt la matière du monde peut se classer sous deux titres distincts, c'est-à-dire en atomes et molécules qui se sont déjà réunis et ont satisfait leurs attractions mutuelles, et en atomes et molécules dont les attractions, jusqu'à présent, ne sont pas satisfaites. Pour tout ce qui concerne le pouvoir moteur, le travail des machines ou en général toute œuvre mécanique exécutée au moyen des matériaux de la croûte terrestre, nous dépendons entièrement de ces atomes et de ces molécules dont les attractions n'ont pas été satisfaites. Ces atomes peuvent produire du mouvement et c'est ce mouvement moléculaire que nous utilisons dans nos machines. Nous pouvons tirer de la force de l'oxygène et de l'hydrogène pendant que leur union s'accomplit, mais une fois combinés, quand le mouvement qui accompagne leur union a disparu, aucune force nouvelle ne peut en être obtenue. Comme agents dynamiques, ils sont morts. Si nous examinons les matériaux de la croûte terrestre, nous trouvons qu'ils consistent en grande partie de substances dont les atomes se sont déjà réunis dans une combinaison chimique, — en un mot dont les attractions mutuelles sont satisfaites. Le granit, par exemple, est un corps fort répandu, mais le granit est en grande partie formé de silice, d'oxygène, de potassium, de calcium, d'aluminium, dont les atomes se sont réunis il y a longtemps dans une combinaison chimique et qui, par conséquent, sont morts. Le calcaire est aussi une substance fort répandue. Il est formé de carbone, d'oxygène et du métal appelé calcium, mais les atomes de ces corps se sont réunis chimiquement il y a longtemps, et ils sont éternellement en repos.

Nous pouvons de la même façon passer en revue

tous les matériaux de la croûte terrestre et nous ver-
rons que, tout en ayant été des sources de force aux
époques passées, longtemps avant qu'aucun être capable d'utiliser leurs énergies ne fût apparu sur la surface de la terre, elles ont aujourd'hui perdu cette
qualité. Arrêtons-nous un instant devant cette tendance, si répandue dans le monde, qui consiste à regarder toute chose comme faite à l'usage de l'homme.
Ceux qui partagent cette opinion se font à mon avis
une idée exorbitante de leur propre importance dans
le système de la nature. Les fleurs s'épanouirent
avant que l'œil de l'homme n'en fût charmé, et la
somme d'énergie dépensée avant que l'homme ne l'u-
tilisât est presque infinie, comparée à ce qui reste
maintenant à appliquer. Nous sommes en réalité les
héritiers de tous les âges ; nous devons connaître
l'importance de notre héritage et, en hommes de
cœur, ne pas nous lamenter s'il est moindre que nous
ne l'avions supposé. Des prétentions et des désirs
excessifs ne sont nullement nécessaires pour former
des hommes sains, heureux et patriotes. Ce n'est pas
avec une crainte misérable ou un mécontentement
obstiné, mais plutôt avec un noble orgueil, que nous
devons accepter cette fraternité affirmée par le poète
quand il demande l'usage de la rhodora aux belles
fleurs :

« Pourquoi étais-tu là, ô rivale de la rose? — Je
« n'ai jamais songé à le demander, jamais je ne l'ai
« su, — mais dans ma simple ignorance je suppose
« — que la Puissance qui m'a mis ici t'y a mis
« aussi. »

Il ne subsiste aujourd'hui que peu d'exceptions à

l'état d'union général des particules de la croûte terrestre. Les exceptions sont considérables par rapport
à nous, mais insignifiantes en comparaison de la
somme totale dont elles sont le résidu; elles constituent
nos principales sources de force motrice. La plus importante de beaucoup est le dépôt de nos couches de
houille. Il existe encore de la distance entre les
atomes du carbone et ceux de l'oxygène atmosphérique, distance que peuvent franchir les atomes poussés
par leur attraction mutuelle, et nous pouvons utiliser
le mouvement ainsi produit. Une fois que le carbone et
l'oxygène se sont précipités l'un sur l'autre de façon
à former l'acide carbonique, leurs attractions mutuelles sont satisfaites, et tout en continuant à exister
sous cet état, ils sont morts comme agents dynamiques. Une livre de houille produit par sa combinaison
avec l'oxygène une quantité de chaleur qui, si on l'applique mécaniquement, peut élever un poids d'une
tonne à une hauteur d'environ un mille au-dessus du
sol. Réciproquement, une tonne tombant de la hauteur d'un mille et frappant la terre produirait une
quantité de chaleur égale à celle que développe la
combustion d'une livre de houille. Réfléchissez maintenant aux énergies énormes de nos bassins houillers.
Nous extrayons annuellement de nos puits environ
cent millions de tonnes de charbon dont chaque livre,
par sa combustion, effectue le travail de 300 chevaux.
En supposant que 120 millions de chevaux travaillent
nuit et jour avec une égale vigueur pendant un an,
leurs forces réunies accompliraient une somme de
travail justement équivalente au produit annuel de
nos houillères. Nos bois et nos forêts sont aussi des

sources d'énergie, parce qu'ils ont la propriété de pouvoir s'unir à l'oxygène atmosphérique.

Passant des plantes aux animaux, nous trouvons que la source de force motrice dont nous venons de parler est aussi la source de la force musculaire. Un cheval peut produire du travail, un homme également, mais ce travail n'est au fond que l'œuvre moléculaire des éléments de la nourriture et de l'oxygène de l'air. Nous respirons ce gaz vital et nous l'amenons à proximité du carbone et de l'hydrogène contenus dans les aliments. Les corps s'unissent en obéissant à leurs attractions mutuelles et le mouvement qui les pousse l'un vers l'autre, convenablement mis en œuvre par le mécanisme merveilleux du corps, se transforme en mouvement musculaire.

Quand la chaleur a fait son œuvre, elle disparaît. La quantité de chaleur communiquée à la chaudière d'une machine à vapeur en activité est plus grande que celle qu'on obtient de la condensation de la vapeur après qu'elle a fini son travail, et la quantité de travail accompli est l'équivalent exact de la quantité de chaleur manquante. Une pensée fondamentale envahit toutes ces observations; il est une racine mère d'où elles sortent toutes. C'est l'ancienne maxime que rien ne vient de rien, — que ni dans le monde organique ni dans le monde inorganique aucune force ne se produit sans dépense d'une autre force, — que ni dans la plante ni dans l'animal il n'y a création de force ou de mouvement. Les arbres croissent, les hommes et les chevaux en font autant, et nous voyons ainsi de nouveaux moteurs s'introduire incessamment sur la terre. Mais leur source, comme je l'ai déjà établi, est le soleil. C'est le soleil en effet qui sépare le carbone de l'oxygène dans l'acide carbonique et qui leur permet de chercher de nouvelles combinaisons. Et, qu'ils se combinent dans le foyer de la machine à vapeur ou dans le corps de l'animal, l'origine de leur puissance est la même. En ce sens, nous sommes tous « les esprits du feu et les enfants du soleil », mais comme l'a dit Helmholtz, nous devons nous résigner à partager notre origine céleste avec les plus infimes des êtres.

J'entrevois une parenté plus éloignée encore, mais nous touchons ici à la lisière d'un champ de bataille où je n'ai pas l'intention de m'aventurer aujourd'hui; je viens à peine d'en sortir, non sans éclaboussures ni souillures, mais sans avoir rien perdu de mon courage ni de mes espérances. Il ne me reste plus qu'à vous indiquer brièvement les positions des troupes ennemies. Des procédés de cristallisation que vous venez de voir on peut passer, par des gradations presqu'imperceptibles, aux organismes végétaux inférieurs, de ceux-ci à de plus complets, et enfin aux plus élevés. Le conflit dont j'ai parlé est celui-ci : tandis qu'une classe de penseurs regarde la série qui commence au cristal pour s'étendre au végétal et à l'animal comme le développement continu de la croissance naturelle, réunissant ainsi le monde inorganique et organique en un tout vaste et indissoluble, — l'autre classe suppose que le passage du monde inorganique au monde organique a demandé un acte créateur distinct et que, pour produire les différentes espèces fossiles ou vivantes, il a fallu également des actes créateurs séparés.

Qui a tort ou raison ? Le problème doit être discuté raisonnablement et gravement, sans colère et sans injures. La question ne peut être résolue, pas même entamée, par de mauvais procédés. Elle ne peut être résolue davantage par des appels à l'espérance ou à la crainte, à ce que nous pouvons perdre ou gagner à nous joindre à l'un ou l'autre parti. La promesse de l'éternité elle-même, si on pouvait nous l'offrir, n'empêchera jamais l'homme d'accueillir la vérité. Le scepticisme est au fond de nos craintes. J'entends ce scepticisme qui prétend que la nature humaine, étant essentiellement vile et corrompue, courra à sa ruine si les bases de notre théologie de convention ne sont pas maintenues. Quand je vois un homme de talent et de courage perdre la tête et gémir sur la perte imminente de son idéal, je l'exhorterais volontiers à rejeter ce scepticisme et à bien se persuader que nous avons dans l'esprit de l'homme le substratum de tout idéal. Nous avons en lui des facultés qui répondront aussi sûrement et infailliblement aux excitations d'une âme réellement vivante, que la corde d'un instrument répond à une autre corde quand résonne sa note propre. C'est la fonction des maîtres de l'humanité de provoquer cette résonnance du cœur humain, mais la possibilité de le faire ne dépend pas seulement et entièrement d'eux, elle dépend aussi de ce fait antécédent que les conditions de son apparition soient déjà présentes.

FIN.

TABLE DES MATIÈRES

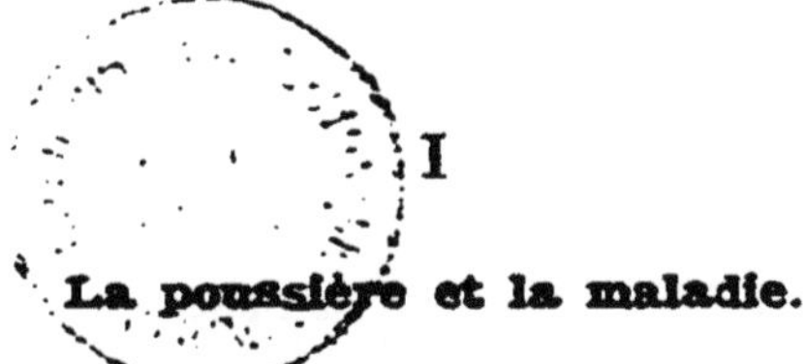

I

La poussière et la maladie.

II

COULOMMIERS. — Typog. ALBERT PONSOT et P. BRODARD

LIBRAIRIE GERMER BAILLIÈRE ET Cⁱᵉ
17, RUE DE L'ÉCOLE-DE-MÉDECINE, 17

EXTRAIT DU CATALOGUE

BIBLIOTHÈQUE
DE
PHILOSOPHIE CONTEMPORAINE
Volumes in-18 à 2 fr. 50 c.
Cartonnés 3 fr.

H. Taine.

LE POSITIVISME ANGLAIS, étude sur Stuart Mill. 1 vol.

L'IDÉALISME ANGLAIS, étude sur Carlyle. 1 vol.

PHILOSOPHIE DE L'ART. 2ᵉ éd. 1 v.

PHILOSOPHIE DE L'ART EN ITALIE, 2ᵉ édition. 1 vol.

DE L'IDÉAL DANS L'ART. 1 vol.

PHILOSOPHIE DE L'ART DANS LES PAYS-BAS. 1 vol.

PHILOSOPHIE DE L'ART EN GRÈCE. 1 vol.

Paul Janet.

LE MATÉRIALISME CONTEMPORAIN. 2ᵉ édit. 1 vol.

LA CRISE PHILOSOPHIQUE. Taine, Renan, Vacherot, Littré. 1 vol.

LE CERVEAU ET LA PENSÉE. 1 vol.

PHILOSOPHIE DE LA RÉVOLUTION FRANÇAISE. 1 vol.

Odysse-Barot.

PHILOSOPHIE DE L'HISTOIRE. 1 vol.

Alaux.

PHILOSOPHIE DE M. COUSIN. 1 vol.

Ad. Franck.

PHILOSOPHIE DU DROIT PÉNAL. 1 vol.

PHILOSOPHIE DU DROIT ECCLÉSIASTIQUE. 1 vol.

LA PHILOSOPHIE MYSTIQUE EN FRANCE AU XVIIIᵉ SIÈCLE. 1 vol.

Charles de Rémusat.

PHILOSOPHIE RELIGIEUSE. 1 vol.

Émile Saisset.

L'AME ET LA VIE, suivi d'une étude sur l'Esthétique franç. 1 vol.

CRITIQUE ET HISTOIRE DE LA PHILOSOPHIE (frag. et disc.). 1 vol.

Charles Lévêque.

LE SPIRITUALISME DANS L'ART. 1 vol.

LA SCIENCE DE L'INVISIBLE. Étude de psychologie et de théodicée. 1 vol.

Auguste Laugel.

LES PROBLÈMES DE LA NATURE. 1 vol.

LES PROBLÈMES DE LA VIE. 1 vol.

LES PROBLÈMES DE L'AME. 1 vol.

LA VOIX, L'OREILLE ET LA MUSIQUE. 1 vol.

L'OPTIQUE ET LES ARTS. 1 vol.

Challemel-Lacour.

LA PHILOSOPHIE INDIVIDUALISTE. 1 vol.

L. Büchner.

SCIENCE ET NATURE, trad. de l'allem. par Aug. Delondre. 2 vol.

Albert Lemoine.

LE VITALISME ET L'ANIMISME DE STAHL. 1 vol.

DE LA PHYSIONOMIE ET DE LA PAROLE. 1 vol.

L'HABITUDE ET L'INSTINCT. 1 vol.

Milsand.

L'ESTHÉTIQUE ANGLAISE, étude sur John Ruskin. 1 vol.

A. Véra.

ESSAIS DE PHILOSOPHIE HÉGÉLIENNE. 1 vol.

Beaussire.

ANTÉCÉDENTS DE L'HÉGÉLIANISME DANS LA PHILOS. FRANÇ. 1 vol.

Bost.
Le Protestantisme libéral. 1 v.

Francisque Bouillier.
Du Plaisir et de la Douleur. 1 v.
De la Conscience. 1 vol.

Ed. Auber.
Philosophie de la médecine. 1 vol.

Leblais.
Matérialisme et Spiritualisme, précédé d'une Préface par M. E. Littré. 1 vol.

Ad. Garnier.
De la Morale dans l'antiquité, précédé d'une Introduction par M. Prevost-Paradol. 1 vol.

Schœbel.
Philosophie de la raison pure. 1 vol.

Tissandier.
Des sciences occultes et du Spiritisme. 1 vol.

J. Moleschott.
La Circulation de la vie. Lettres sur la physiologie, en réponse aux Lettres sur la chimie de Liebig, trad. de l'allem. 2 vol.

Ath. Coquerel fils.
Origines et Transformations du Christianisme. 1 vol.
La Conscience et la Foi. 1 vol.
Histoire du Credo. 1 vol.

Jules Levallois.
Déisme et Christianisme. 1 vol.

Camille Selden.
La Musique en Allemagne. Étude sur Mendelssohn. 1 vol.

Fontanès.
Le Christianisme moderne. Étude sur Lessing. 1 vol.

Saigey.
La Physique moderne. 1 vol.

Mariano.
La Philosophie contemporaine en Italie. 1 vol.

Letourneau
Philosophie des passions. 1 vol.

Faivre.
De la Variabilité des espéces. 1 vol.

Stuart Mill.
Auguste Comte et la Philosophie positive, trad. de l'angl. 1 vol.

Ernest Bersot.
Libre philosophie. 1 vol.

A. Réville.
Histoire du dogme de la divinité de Jésus-Christ. 2e éd. 1 vol.

W. de Fonvielle.
L'Astronomie moderne. 1 vol.

C. Coignet.
La Morale indépendante. 1 vol.

E. Boutmy.
Philosophie de l'architecture en Grèce. 1 vol.

Et. Vacherot.
La Science et la Conscience. 1 v.

Ém. de Laveleye.
Des formes de gouvernement. 1 vol.

Herbert Spencer.
Classification des Sciences. 1 v.
Essai sur l'éducation. 1 vol.

Gauckler.
Le Beau et son histoire. 1 v.

Max Müller.
La Science de la Religion. 1 r.

Léon Dumont.
Haeckel et la théorie de l'évolution en Allemagne. 1 vol.

Bertauld.
L'Ordre social et l'ordre moral. 1 vol.

Th. Ribot.
Philosophie de Schopenhauer. 1 vol.

Al. Herzen.
Physiologie de la volonté. 1 vol.

Bentham et Grote.
La Religion naturelle 1 vol.

Hartmann.
La Religion de l'avenir. 1 vol.
Erreurs et vérités dans le Darwinisme. 1 vol.

H. Lotze.
Principes généraux de psychologie physiologique. 1 vol.

BIBLIOTHÈQUE D'HISTOIRE CONTEMPORAINE

Volumes in-18, à 3 fr. 50 c. — Cartonnés, 4 fr.

Carlyle.

HISTOIRE DE LA RÉVOLUTION FRAN-
ÇAISE, traduite de l'angl. 3 vol.

Victor Meunier.

SCIENCE ET DÉMOCRATIE. 2 vol.

Jules Barni.

HISTOIRE DES IDÉES MORALES ET
POLITIQUES EN FRANCE AU
XVIIIᵉ SIÈCLE. 2 vol.

NAPOLÉON Iᵉʳ ET SON HISTORIEN
M. THIERS. 1 vol.

LES MORALISTES FRANÇAIS AU
XVIIIᵉ SIÈCLE. 1 vol.

Auguste Laugel.

LES ÉTATS-UNIS PENDANT LA
GUERRE (1861-1865). Souve-
nirs personnels. 1 vol.

De Rochau.

HISTOIRE DE LA RESTAURATION,
traduite de l'allemand. 1 vol.

Eug. Véron.

HISTOIRE DE LA PRUSSE depuis la
mort de Frédéric II jusqu'à la
bataille de Sadowa. 1 vol.

HISTOIRE DE L'ALLEMAGNE depuis
la bataille de Sadowa jusqu'à
nos jours. 1 vol.

Hillebrand.

LA PRUSSE CONTEMPORAINE ET SES
INSTITUTIONS. 1 vol.

Eug. Despois.

LE VANDALISME RÉVOLUTIONNAIRE.
Fondations litt., scientif. et
artist. de la Convention. 1 vol.

Bagehot.

LA CONSTITUTION ANGLAISE, trad.
de l'anglais. 1 vol.

LOMBARD STREET, le marché finan-
cier en Angl., tr. de l'angl. 1 v.

Thackeray.

LES QUATRE GEORGE, trad. de
l'anglais par M. Lefoyer. 1 vol

Émile Montégut.

LES PAYS-BAS. Impressions de
voyage et d'art. 1 vol.

Émile Beaussire.

LA GUERRE ÉTRANGÈRE ET LA
GUERRE CIVILE. 1 vol.

Édouard Sayous.

HISTOIRE DES HONGROIS et de leur
littérature politique de 1790 à
1815. 1 vol.

Éd. Bourloton.

L'ALLEMAGNE CONTEMPORAINE. 1 v.

Boert.

LA GUERRE DE 1870-71 d'après le
colonel féd. suisse Rustow. 1 v.

Herbert Barry.

LA RUSSIE CONTEMPORAINE, traduit de l'anglais. 1 vol.

H. Dixon.

LA SUISSE CONTEMPORAINE, traduit de l'anglais. 1 vol.

Louis Teste.

L'ESPAGNE CONTEMPORAINE, journal d'un voyageur. 1 vol.

J. Clamageran.

LA FRANCE RÉPUBLICAINE. 1 vol.

E. Duvergier de Hauranne.

LA RÉPUBLIQUE CONSERVATRICE. 1 v.

H. Reynald.

HISTOIRE DE L'ESPAGNE, depuis la
mort de Charles III jusqu'à nos
jours. 1 vol.

HISTOIRE DE L'ANGLETERRE, depuis la mort de la reine Anne
jusqu'à nos jours. 1 vol.

Alf. Deberle.

HISTOIRE DE L'AMÉRIQUE DU SUD
depuis la conquête jusqu'à nos
jours. 1 vol.

FORMAT IN-8.

Sir G. Cornewall Lewis.

HISTOIRE GOUVERNEMENTALE DE
L'ANGLETERRE DE 1770 JUS-
QU'A 1830, trad. de l'anglais.
1 vol. 7 fr.

De Sybel.

HISTOIRE DE L'EUROPE PENDANT
LA RÉVOLUTION FRANÇAISE.

Tomes I, II et III, chaque volume séparément. 7 fr.

Taxile Delord.

HISTOIRE DU SECOND EMPIRE,
1848-1870.

6 vol. in-8. 42 fr.

Chaque volume séparément. 7 fr.

<table>
<tr><td align="center">

·REVUE
Politique et Littéraire
(Revue des cours littéraires,
2ᵉ série.)

</td><td align="center">

REVUE
Scientifique
(Revue des cours scientifiques,
2ᵉ série.)

</td></tr>
</table>

Directeurs : MM. Eug. YUNG et Ém. ALGLAVE

La septième année de la **Revue des Cours littéraires** et de la **Revue des Cours scientifiques**, terminée à la fin de juin 1871, clôt la première série de cette publication.

La deuxième série a commencé le 1ᵉʳ juillet 1871, et depuis cette époque chacune des années de la collection commence à cette date. Des modifications importantes ont été introduites dans ces deux publications.

REVUE POLITIQUE ET LITTÉRAIRE

La *Revue politique* continue à donner une place aussi large à la littérature, à l'histoire, à la philosophie, etc., mais elle a agrandi son cadre, afin de pouvoir aborder en même temps la politique et les questions sociales. En conséquence, elle a augmenté de moitié le nombre des colonnes de chaque numéro (48 colonnes au lieu de 32).

Chacun des numéros, paraissant le samedi, contient régulièrement :

Une *Semaine politique* et une *Causerie politique* où sont appréciés, à un point de vue plus général que ne peuvent le faire les journaux quotidiens, les faits qui se produisent dans la politique intérieure de la France, discussions de l'Assemblée, etc.

Une *Causerie littéraire* où sont annoncés, analysés et jugés les ouvrages récemment parus : livres, brochures, pièces de théâtre importantes, etc.

Tous les mois la *Revue politique* publie un *Bulletin géographique* qui expose les découvertes les plus récentes et apprécie les ouvrages géographiques nouveaux de la France et de l'étranger. Nous n'avons pas besoin d'insister sur l'importance extrême qu'a prise la géographie depuis que les Allemands en ont fait un instrument de conquête et de domination.

De temps en temps une *Revue diplomatique* explique au point de vue français les événements importants survenus dans les autres pays.

On accusait avec raison les Français de ne pas observer avec assez d'attention ce qui se passe à l'étranger. La *Revue* remédie à ce défaut. Elle analyse et traduit les livres, articles, discours ou conférences qui ont pour auteurs les hommes les plus éminents des divers pays.

Comme au temps où ce recueil s'appelait *la Revue des cours littéraires* (1864-1870), il continue à publier les principales leçons du Collége de France, de la Sorbonne et des Facultés des départements.

Les ouvrages importants sont analysés, avec citations et extraits, dès le lendemain de leur apparition. En outre, la *Revue politique* publie des articles spéciaux sur toute question que recommandent à l'attention des lecteurs, soit un intérêt public, soit des recherches nouvelles.

Parmi les collaborateurs nous citerons :

Articles politiques. — MM. de Pressensé, Ernest Duvergier de Hauranne, H. Aron, Anat. Dunoyer, Anatole Leroy-Beaulieu, Clamageran.

Diplomatie et pays étrangers. — MM. Van den Berg, Albert Sorel, Reynald, Léo Quesnel, Louis Leger.

Philosophie. — MM. Janet, Caro, Ch. Lévêque, Véra, Léon Dumont, Th. Ribot, E. Boutroux, Huxley.

Morale. — MM. Ad. Franck, Laboulaye, Jules Barni, Legouvé, Bluntschli.

Philologie et archéologie. — MM. Max Müller, Eugène Benoist, L. Havet, E. Ritter, Maspéro, George Smith.

Littérature ancienne. — MM. Egger, Havet, George Perrot, Gaston Boissier, Geffroy, Martha.

Littérature française. — MM. Ch. Nisard, Lenient, L. de Loménie, Édouard Fournier, Bersier, Gidel, Jules Claretie, Paul Albert, A. Feugère.

Littérature étrangère. — MM. Mézières, Büchner, P. Stapfer.

Histoire. — MM. Alf. Maury, Littré, Alf. Rambaud, G. Monod.

Géographie, Economie politique. — MM. Levasseur, Himly, Gaidoz, Alglave.

Instruction publique. — Madame C. Coignet, MM. Buisson, Em. Beaussire.

Beaux-arts. — MM. Gebhart, C. Selden, Justi, Schnaase, Vischer, Ch. Bigot.

Critique littéraire. — MM. Eugène Despois, Maxime Gaucher, Paul Albert.

Ainsi la *Revue politique* embrasse tous les sujets. Elle consacre à chacun une place proportionnée à son importance. Elle est, pour ainsi dire, une image vivante, animée et fidèle de tout le mouvement contemporain.

REVUE SCIENTIFIQUE

Mettre la science à la portée de tous les gens éclairés sans l'abaisser ni la fausser, et, pour cela, exposer les grandes découvertes et les grandes théories scientifiques par leurs auteurs mêmes ;

Suivre le mouvement des idées philosophiques dans le monde savant de tous les pays,

Tel est le double but que la *Revue scientifique* poursuit depuis dix ans avec un succès qui l'a placée au premier rang des publications scientifiques d'Europe et d'Amérique.

Pour réaliser ce programme, elle devait s'adresser d'abord aux Facultés françaises et aux Universités étrangères qui comptent dans leur sein presque tous les hommes de science éminents. Mais, depuis deux années déjà, elle a élargi son cadre afin d'y faire entrer de nouvelles matières.

En laissant toujours la première place à l'enseignement supérieur proprement dit, la *Revue scientifique* ne se restreint plus désormais aux leçons et aux conférences. Elle poursuit tous les développements de la science sur le terrain économique, industriel, militaire et politique.

Elle publie les principales leçons faites au Collége de France, au Muséum d'histoire naturelle de Paris, à la Sorbonne, à l'Institution royale de Londres, dans les Facultés de France, les universités d'Allemagne, d'Angleterre, d'Italic, de Suisse, d'Amérique, et les institutions libres de tous les pays.

Elle analyse les travaux des Sociétés savantes d'Europe et d'Amérique, des Académies des sciences de Paris, Vienne, Berlin, Munich, etc., des Sociétés royales de Londres et d'Édimbourg, des Sociétés d'anthropologie, de géographie, de chimie, de botanique, de géologie, d'astronomie, de médecine, etc.

Elle expose les travaux des grands congrès scientifiques, les Associations *française*, *britannique* et *américaine*, le Congrès des naturalistes allemands, la Société helvétique des sciences naturelles, les congrès internationaux d'anthropologie préhistorique, etc.

Enfin, elle publie des articles sur les grandes questions de philosophie naturelle, les rapports de la science avec la politique, l'industrie et l'économie sociale, l'organisation scientifique des divers pays, les sciences économiques et militaires, etc.

Parmi les collaborateurs nous citerons :

Astronomie, météorologie. — MM. Le Verrier, Faye, Balfour-Stewart, Janssen, Normann Lockyer, Vogel, Wolf, Miller, Laussedat, Thomson, Rayet, Secchi, Briot, Herschel, etc.

Physique. — MM. Helmholtz, Tyndall, Jamin, Desains, Carpenter, Gladstone, Grad, Boutan, Becquerel, Cazin, Fernet, Onimus, Berlin.

Chimie. — MM. Wurtz, Berthelot, H. Sainte-Claire Deville, Bouchardat, Grimaux, Jungfleisch, Mascart, Odling, Dumas, Troost, Peligot, Cahours, Graham, Friedel, Pasteur.

Géologie. — MM. Hébert, Bleicher, Fouqué, Gaudry, Ramsay, Sterry-Hunt, Contejean, Zittel, Wallace, Lory, Lyell, Daubrée.

Zoologie. — MM. Agassiz, Darwin, Haeckel, Milne Edwards, Perrier, P. Bert, Van Beneden, Lacaze-Duthiers, Pasteur, Pouchet, De Quatrefages, Faivre, A. Moreau, E. Blanchard, Marey.

Anthropologie. — MM. Broca, de Quatrefages, Darwin, de Mortillet, Virchow, Lubbock, K. Vogt.

Botanique. — MM. Baillon, Brongniart, Cornu, Faivre, Spring, Chatin, Van Tieghem, Duchartre.

Physiologie, anatomie. — MM. Claude Bernard, Chauveau, Fraser, Gréhant, Lereboullet, Moleschott, Onimus, Ritter, Rosenthal, Wundt, Pouchet, Ch. Robin, Vulpian, Virchow, P. Bert, du Bois-Reymond, Helmholtz, Frankland, Brücke.

Médecine. — MM. Chauffard, Chauveau, Cornil, Gubler, Le Fort, Verneuil, Broca, Liebreich, Axenfeld, Lasègue, G. Sée, Bouley, Giraud-Teulon, Bouchardat.

Sciences militaires. — MM. Laussedat, Le Fort, Abel, Jervois, Morin, Noble, Reed, Usquin.

Philosophie scientifique. — MM. Alglave, Bagehot, Carpenter, Léon Dumont, Hartmann, Herbert Spencer, Laycock, Lubbock, Tyndall, Gavarret, Ludwig, Ribot.

Prix d'abonnement :

Une seule Revue séparément	Six mois.	Un an.	Les deux Revues ensemble	Six mois.	Un an.
Paris	12^f	20^f	Paris	20^f	36^f
Départements.	15	25	Départements.	25	42
Étranger. . . .	18	30	Étranger. . . .	30	50

L'abonnement part du 1er juillet, du 1er octobre, du 1er janvier et du 1er avril de chaque année.

Chaque volume de la première série se vend : broché	15 fr.
relié	20 fr.
Chaque année de la 2e série, formant 2 vol., se vend : broché . .	20 fr.
relié	25 fr.

Prix de la collection de la première série :

Prix de la collection complète de la *Revue des cours littéraires* ou de la *Revue des cours scientifiques* (1864-1870), 7 vol. in-4... **105 fr.**

Prix de la collection complète des deux *Revues* prises en même temps, 14 vol. in-4 . . . . **182 fr.**

Prix de la collection complète des deux séries :

Revue des cours littéraires et *Revue politique et littéraire,* ou *Revue des cours scientifiques* et *Revue scientifique* (décembre 1863 — décembre 1875), 16 vol. in-4 . . . . **195 fr.**

La *Revue des cours littéraires* et la *Revue politique et littéraire,* avec la *Revue des cours scientifiques* et la *Revue scientifique.* 32 volumes in-4 . . . . **346 fr.**

BIBLIOTHÈQUE SCIENTIFIQUE
INTERNATIONALE

Le premier besoin de la science contemporaine, — on pourrait même dire d'une manière plus générale des sociétés modernes, — c'est l'échange rapide des idées entre les savants, les penseurs, les classes éclairées de tous les pays. Mais ce besoin n'obtient encore aujourd'hui qu'une satisfaction fort imparfaite. Chaque peuple a sa langue particulière, ses livres, ses revues, ses manières spéciales de raisonner et d'écrire, ses sujets de prédilection. Il lit fort peu ce qui se publie au delà de ses frontières, et la grande masse des classes éclairées, surtout en France, manque de la première condition nécessaire pour cela, la connaissance des langues étrangères. On traduit bien un certain nombre de livres anglais ou allemands ; mais il faut presque toujours que l'auteur ait à l'étranger des amis soucieux de répandre ses travaux, ou que l'ouvrage présente un caractère pratique qui en fait une bonne entreprise de librairie. Les plus remarquables sont loin d'être toujours dans ce cas, et il en résulte que les idées neuves restent longtemps confinées, au grand détriment des progrès de l'esprit humain, dans le pays qui les a vues naître. Le libre échange industriel règne aujourd'hui presque partout ; le libre échange intellectuel n'a pas encore la même fortune, et cependant il ne peut rencontrer aucun adversaire ni inquiéter aucun préjugé.

Ces considérations avaient frappé depuis longtemps un certain nombre de savants anglais. Au congrès de l'Association britannique à Édimbourg, ils tracèrent le plan d'une *Bibliothèque scientifique internationale*, paraissant à la fois en anglais, en français et en allemand, publiée en Angleterre, en France, aux États-Unis, en Allemagne, et réunissant des ouvrages écrits par les savants les plus distingués de tous les pays. En venant en France pour chercher à réaliser cette idée, ils devaient naturellement s'adresser à la *Revue scientifique*, qui marchait dans la même voie, et qui projetait au même moment, après les désastres de la guerre, une entreprise semblable destinée à étendre en quelque sorte son cadre et à faire connaître plus rapidement en France les livres et les idées des peuples voisins.

La *Bibliothèque scientifique internationale* n'est donc pas une entreprise de librairie ordinaire. C'est une œuvre dirigée par les auteurs mêmes, en vue des intérêts de la science, pour la populariser sous toutes ses formes, et faire connaître immédiatement dans le monde entier les idées originales, les directions nouvelles, les découvertes importantes qui se font chaque jour dans tous les pays. Chaque savant exposera les idées qu'il a introduites dans la science et condensera pour ainsi dire ses doctrines les plus originales.

On pourra ainsi, sans quitter la France, assister et participer au mouvement des esprits en Angleterre, en Allemagne, en Amérique, en Italie, tout aussi bien que les savants mêmes de chacun de ces pays.

1.

La *Bibliothèque scientifique internationale* ne comprend pas seulement des ouvrages consacrés aux sciences physiques et naturelles, elle aborde aussi les sciences morales comme la philosophie, l'histoire, la politique et l'économie sociale, la haute législation, etc.; mais les livres traitant des sujets de ce genre se rattacheront encore aux sciences naturelles, en leur empruntant les méthodes d'observation et d'expérience qui les ont rendues si fécondes depuis deux siècles.

Cette collection paraît à la fois en français, en anglais, en allemand, en russe et en italien : à Paris, chez Germer Baillière; à Londres, chez Henry S. King et C°; à New-York, chez Appleton; à Leipzig, chez Brockhaus; à Saint-Pétersbourg, chez Koropchevski et Goldsmith, et à Milan, chez Dumolard frères.

EN VENTE :

VOLUMES IN-8, CARTONNÉS A L'ANGLAISE

J. TYNDALL. **Les glaciers et les transformations de l'eau**, avec figures. 1 vol. in-8. 2e édition   6 fr.

MAREY. **La machine animale**, locomotion terrestre et aérienne, avec de nombreuses figures. 1 vol. in-8. 2e édition.   6 fr.

BAGEHOT. **Lois scientifiques du développement des nations** dans leurs rapports avec les principes de la sélection naturelle et de l'hérédité. 1 vol. in-8, 2e édition.   6 fr.

BAIN. **L'esprit et le corps.** 1 vol. in-8, 2e édition.   6 fr.

PETTIGREW. **La locomotion chez les animaux**, marche, natation, 1 vol. in-8 avec figures.   6 fr.

HERBERT SPENCER. **La science sociale.** 1 vol. in-8. 2e éd.   6 fr.

VAN BENEDEN. **Les commensaux et les parasites dans le règne animal**, 1 vol. in-8, avec figures.   6 fr.

O. SCHMIDT. **La descendance de l'homme et le darwinisme.** 1 vol. in-8 avec figures, 2e édition.   6 fr.

MAUDSLEY. **Le Crime et la Folie** 1 vol. in-8, 2e édition.   6 fr.

BALFOUR STEWART. **La conservation de l'énergie**, suivie d'une étude sur la nature de la force, par *M. P. de Saint-Robert*, avec figures. 1 vol. in-8, 2e édition.   6 fr.

DRAPER. **Les conflits de la science et de la religion.** 1 vol. in-8, 3e édition.   6 fr.

SCHUTZENBERGER. **Les fermentations.** 1 vol. in-8, avec fig. 2e édition.   6 fr.

L. DUMONT. **Théorie scientifique de la sensibilité.** 1 v. in-8. 6 fr.

WHITNEY. **La vie du langage**, 1 vol. in-8.   6 fr.

COOKE et BERKELEY. **Les champignons.** 1 v. in-8, avec fig. 6 fr.

BERNSTEIN. **Les sens.** 1 vol. in-8, avec 91 figures.   6 fr.

BERTHELOT. **La synthèse chimique.** 1 vol. in-8. 2e édit.   6 fr.

VOGEL. **La photographie et la chimie de la lumière**, avec 95 fig. 1 vol. in-8.   6 fr.

LUYS. **Le cerveau et ses fonctions**, avec figures. 1 vol. in-8, 2e édition.   6 fr.

STANLEY JEVONS. **La monnaie et le mécanisme de l'échange.** 1 vol. in-8.   6 fr.

FUCHS. **Les volcans**, 1 vol. in-8 avec figures.   6 fr.

ENQUÊTE PARLEMENTAIRE SUR LES ACTES DU GOUVERNEMENT
DE LA DÉFENSE NATIONALE

DÉPOSITIONS DES TÉMOINS :

TOME PREMIER. Dépositions de MM. Thiers, maréchal Mac-Mahon, maréchal Le Bœuf, Benedetti, duc de Gramont, de Talhouët, amiral Rigault de Genouilly, baron Jérôme David, général de Palikao, Jules Brame, Clément Duvernois, Dréolle, etc.

TOME DEUXIÈME. Dépositions de MM. de Chandordy, Laurier, Cresson, Drée, Ranc, Rampont, Steenackers, Fernique, Robert, Schneider, Buffet, Lebreton et Hébert, Bellangé, colonel Alavoine, Gervais, Bécherelle, Robin, Muller, Boutefoy, Meyer, Clément et Simonneau, Fontaine, Jacob, Lemaire, Petetin, Guyot-Montpayroux, général Soumain, de Legge, colonel Vabre, de Crisenoy, colonel Ibos, etc.

TOME TROISIÈME. Dépositions militaires de MM. de Freycinet, de Serres, le général Lefort, le général Ducrot, le général Vinoy, le lieutenant de vaisseau Farcy, le commandant Amet, l'amiral Pothuau, Jean Brunet, le général de Beaufort-d'Hautpoul, le général de Valdan, le général d'Aurelle de Paladines, le général Chanzy, le général Martin des Pallières, le général de Sonis, etc.

TOME QUATRIÈME. Dépositions de MM. le général Bordone, Mathieu, de Laborie, Luce-Villiard, Castillon, Debusschère, Darcy, Chenet, de La Taille, Baillehache, de Grancey, L'Hermite, Pradier, Middleton, Frédéric Morin, Thoyot, le maréchal Bazaine, le général Boyer, le maréchal Canrobert, etc. Annexe à la déposition de M. Testelin, note de M. le colonel Denfert, note de la Commission, etc.

TOME CINQUIÈME. Dépositions complémentaires et réclamations. — Rapports de la préfecture de police en 1870-1871. — Circulaires, proclamations et bulletins du Gouvernement de la Défense nationale. — Suspension du tribunal de la Rochelle ; rapport de M. de La Borderie ; dépositions.

ANNEXE AU TOME V. Deuxième déposition de M. Cresson. Événement de Nîmes, affaire d'Aïn Yagout. — Réclamations de MM. le général Bellot et Engelhart. — Note de la Commission d'enquête (1 fr.).

RAPPORTS :

TOME PREMIER. M. *Chaper* sur les procès-verbaux des séances du Gouvernement de la Défense nationale. — M. *de Sugny*, sur les événements de Lyon sous le Gouvernement de la Défense nationale. — M. *de Rességuier*, sur les actes du Gouvernement de la Défense nationale dans le sud-ouest de la France.

TOME DEUXIÈME. M. *Saint-Marc Girardin*, sur la chute du second Empire. — M. *de Sugny*, sur les événements de Marseille sous le Gouvernement de la Défense nationale.

TOME TROISIÈME. M. *le comte Daru*, sur la politique du Gouvernement de la Défense nationale à Paris.

TOME QUATRIÈME. M. *Chaper*, sur l'examen au point de vue militaire des actes du Gouvernement de la Défense nationale à Paris.

TOME CINQUIÈME. M. *Boreau-Lajanadie*, sur l'emprunt Morgan. — M. *de la Borderie*, sur le camp de Conlie et l'armée de Bretagne. — M. *de la Sicotière*, sur l'affaire de Dreux.

TOME SIXIÈME. M. *de Rainneville*, sur les actes diplomatiques du Gouvernement de la Défense nationale. — M. *A. Lallié*, sur les postes et les télégraphes pendant la guerre. — M. *Delsol*, sur la ligne du Sud-Ouest. — M. *Perrot*, sur la défense nationale en province. (1re *partie*.)

TOME SEPTIÈME. M. *Perrot*, sur les actes militaires du Gouvernement de la Défense nationale en province (2e *partie* : Expédition de l'Est).

TOME HUITIÈME. M. *de la Sicotière*, sur l'Algérie.

TOME NEUVIÈME. Algérie, dépositions des témoins. Table générale et analytique des dépositions des témoins avec renvoi aux rapports des membres de la commission (10 fr.).

TOME DIXIÈME. M. *Boreau-Lajanadie*, sur les actes du Gouvernement de la Défense nationale à Tours et à Bordeaux. (5 fr.).

PIÈCES JUSTIFICATIVES :

TOME PREMIER. Dépêches télégraphiques officielles, première partie.
TOME DEUXIÈME. Dépêches télégraphiques officielles, deuxième partie. Pièces justificatives du rapport de M. Saint-Marc Girardin.

Prix de chaque volume... 15 fr.

Rapports se vendant séparément :

DE RESSÉGUIER. — Les événements de Toulouse sous le Gouvernement de la Défense nationale. In-4.   2 fr. 50
SAINT-MARC GIRARDIN. — La chute du second Empire. In-4.   4 fr. 50
DE SUGNY. — Les événements de Marseille sous le Gouvernement de la Défense nationale. In-4.   10 fr.
DE SUGNY. — Les événements de Lyon sous le Gouvernement de la Défense nationale. In-4.   7 fr.
DARU. — La politique du Gouvernement de la Défense nationale à Paris. In-4.   15 fr.
CHAPER. — Examen au point de vue militaire des actes du Gouvernement de la Défense à Paris. In-4.   15 fr.
CHAPER. — Les procès-verbaux des séances du Gouvernement de la Défense nationale. In-4.   5 fr.
BOREAU-LAJANADIE. — L'emprunt Morgan. In-4.   4 fr. 50
DE LA BORDERIE. — Le camp de Conlie et l'armée de Bretagne. in-4.   10 fr.
DE LA SICOTIÈRE. — L'affaire de Dreux. In-4.   2 fr. 50
DE LA SICOTIÈRE L'Algérie sous le Gouvernement de la Défense nationale. 2 vol. in-4.   22 fr.
DE RAINNEVILLE. Les actes diplomatiques du Gouvernement de la Défense nationale. 1 vol. in-4.   3 fr. 50
LALLIÉ. Les postes et les télégraphes pendant la guerre. 1 vol. in-4.   1 fr. 50
DELSOL. La ligne du Sud-Ouest. 1 vol. in-4.   1 fr. 50
PERROT. Le Gouvernement de la Défense nationale en province. 2 vol. in-4. 25 fr.
BOREAU-LAJANADIE. Rapport sur les actes de la Délégation du Gouvernement de la Défense nationale à Tours et à Bordeaux. 1 vol. in-4.   5 fr.
Procès-verbaux de la Commune. 1 vol. in-4.   5 fr.
Table générale et analytique des dépositions des témoins. 1 vol. in-4.   3 fr. 50

ENQUÊTE PARLEMENTAIRE
SUR
L'INSURRECTION DU 18 MARS

édition contenant *in extenso* les trois volumes distribués à l'Assemblée nationale.

1° RAPPORTS. Rapport général de M. Martial Delpit. Rapports de MM. *de Meaux*, sur les mouvements insurrectionnels en province ; *de Massy*, sur le mouvement insurrectionnel à Marseille ; *Meplain*, sur le mouvement insurrectionnel à Toulouse ; *de Chamaillard*, sur les mouvements insurrectionnels à Bordeaux et à Tours ; *Delille*, sur le mouvement insurrectionnel à Limoges ; *Vacherot*, sur le rôle des municipalités ; *Ducarre*, sur le rôle de l'Internationale ; *Boreau-Lajanadie*, sur le rôle de la presse révolutionnaire à Paris ; *de Cumont*, sur le rôle de la presse révolutionnaire en province ; *de Saint-Pierre*, sur la garde nationale de Paris pendant l'insurrection ; *de Larochetheulon*, sur l'armée et la garde nationale de Paris avant le 18 mars. — Rapports de MM. *les premiers présidents des Cours d'appel*. — Rapports de MM. les *préfets* de l'Ardèche, des Ardennes, de l'Aude, du Gers, de l'Isère, de la Haute-Loire, du Loiret, de la Nièvre, du Nord, des Pyrénées-Orientales, de la Sarthe, de Seine-et-Marne, de Seine-et-Oise, de la Seine-Inférieure, de Vaucluse. — Rapports de MM. les chefs de légion de gendarmerie.

2° DÉPOSITIONS de MM. Thiers, maréchal Mac-Mahon, général Trochu, J. Favre, Ernest Picard J. Ferry, général Le Flô, général Vinoy, colonel Lambert, colonel Gaillard, général Appert, Floquet, général Cremer, amiral Saisset, Schœlcher, Tirard, Vautrain, Vacherot, général d'Aurelle de Paladines, Turquet, de Ploeuc, amiral Pothuau, colonel Langlois, colonel Le Mains, colonel Vabre, Héligon, Tolain, Fribourg, Corbon. Ducarre, etc.

3° PIÈCES JUSTIFICATIVES. Déposition de M. le général Ducrot. Procès-verbaux du Comité central, du Comité de salut public, de l'Internationale, de la délégation des vingt arrondissements, de l'Alliance républicaine, de la Commune. — Lettre du prince Czartoryski sur les Polonais. — Réclamations et errata.

Édition populaire contenant *in extenso* les trois volumes distribués aux membres de l'Assemblée nationale.

Prix : 16 francs.

RÉCENTES PUBLICATIONS

HISTORIQUES ET PHILOSOPHIQUES

Qui ne se trouvent pas dans les Bibliothèques.

ACOLLAS (Émile). **L'enfant né hors mariage.** 3ᵉ édition. 1872, 1 vol. in-18 de x-165 pages.   2 fr.

ACOLLAS (Émile). **Manuel de droit civil,** commentaire philosophique et critique du code Napoléon, contenant l'exposé complet des systèmes juridiques.

    3 vol. in 8 ; chaque volume séparément.   12 fr.

    Appendice et tables. 1 vol. in-8.   4 fr.

    L'ouvrage complet.   40 fr.

ACOLLAS (Émile). **Trois leçons sur le mariage.** In-8. 1 fr. 50

ACOLLAS (Émile). **L'idée du droit.** In-8.   1 fr. 50

ACOLLAS (Émile). **Nécessité de refondre l'ensemble de nos codes,** et notamment le code Napoléon, au point de vue de l'idée démocratique. 1866, 1 vol. in-8.   3 fr.

Administration départementale et communale. Lois — Décrets — Jurisprudence, conseil d'État, cour de Cassation, décisions et circulaires ministérielles, in-4. 2ᵉ éd.   15 fr.

ALAUX. **La religion progressive.** 1869, 1 vol. in-18. 3 fr. 50

ARISTOTE. **Rhétorique** traduite en français et accompagnée de notes par J. Barthélemy Saint-Hilaire. 1870, 2 vol. in-8. 16 fr.

ARISTOTE. **Psychologie** (opuscules) traduite en français et accompagnée de notes par M. Barthélemy Saint-Hilaire. 1 vol. in-8. 10 fr.

ARISTOTE. **Politique,** trad. par Barthélemy Saint-Hilaire, 1868. 1 fort vol. in-8.   10 fr.

ARISTOTE. **Physique,** ou leçons sur les principes généraux de la nature, traduit par M. Barthélemy Saint-Hilaire. 2 forts vol. gr. in-8. 1872.   20 fr.

ARISTOTE. **Traité du Ciel,** 1866 ; traduit en français pour la première fois par M. Barthélemy Saint-Hilaire. 1 fort vol. gr. in-8.   10 fr.

ARISTOTE. **Météorologie,** avec le petit traité apocryphe : *Du Monde,* traduit par M. Barthélemy Saint-Hilaire, 1863. 1 fort vol. gr. in-8.   10 fr.

ARISTOTE. **Morale,** traduit par M. Barthélemy Saint-Hilaire. 1856, 3 vol gr. in-8.   24 fr.

ARISTOTE. **Poétique,** traduite par M. Barthélemy Saint-Hilaire, 1858. 1 vol. in-8.   5 fr.

ARISTOTE. **Traité de la production et de la destruction des choses,** traduit en français et accompagné de notes perpétuelles, par M. Barthélemy Saint-Hilaire, 1866. 1 vol. gr. in-8.   10 fr.

AUDIFFRET-PASQUIER. **Discours devant les commissions de la réorganisation de l'armée et des marchés.** In-4.   2 fr. 50

L'art et la vie. 1867, 2 vol. in-8.   7 fr.

L'art et la vie de Stendhal. 1869, 1 fort vol. in-8. 6 fr.

BAGEHOT. **Lois scientifiques du développement des nations** dans leurs rapports avec les principes de l'hérédité et de la sélection naturelle. 1873, 1 vol. in-8 de la *Bibliothèque scientifique internationale,* cartonné à l'anglaise. 6 fr.

BARNI (Jules). **Napoléon Ier**, édition populaire. 1 vol in-18. 1 fr.

BARNI (Jules). **Manuel républicain.** 1872, 1 vol. in-18. 1 fr. 50

BARNI (Jules). **Les martyrs de la libre pensée**, cours professé à Genève. 1862, 1 vol. in-18. 3 fr. 50

BARNI (Jules). Voy. KANT.

BARTHÉLEMY SAINT-HILAIRE. Voyez ARISTOTE.

BARTHÉLEMY SAINT-HILAIRE. **Pensées de Marc Aurèle,** traduites et annotées. 1 vol. iu-18. 4 fr. 50

BARTHÉLEMY SAINT-HILAIRE. **De la Logique d'Aristote.** 2 vol. gr. in-8. 10 fr.

BARTHÉLEMY SAINT-HILAIRE. **L'École d'Alexandrie.** 1 vol. in-8. 6 fr.

BAUTAIN. **La philosophie morale.** 2 vol. in-8. 12 fr.

CH. BÉNARD. **L'Esthétique de Hégel,** traduit de l'allemand. 2 vol. in-8. 16 fr.

CH. BÉNARD. **De la Philosophie dans l'éducation classique,** 1862. 1 fort vol. in-8. 6 fr.

CH. BÉNARD. **La Poétique,** par W.-F. Hégel, précédée d'une préface et suivie d'un examen critique. Extraits de Schiller, Goethe, Jean Paul, etc., et sur divers sujets relatifs à la poésie. 2 vol. in-8. 12 fr.

BLANCHARD. **Les métamorphoses, les mœurs et les instincts des insectes,** par M. Émile BLANCHARD, de l'Institut, professeur au Muséum d'histoire naturelle. 1868, 1 magnifique volume in-8 jésus, avec 160 figures intercalées dans le texte et 40 grandes planches hors texte. Prix, broché. 30 fr.
   Relié en demi-maroquin. 35 fr.

BLANQUI. **L'éternité par les astres,** hypothèse astronomique. 1872, in-8. 2 fr.

BORELY (J.). **Nouveau système électoral, représentation proportionnelle de la majorité et des minorités.** 1870, 1 vol. in-18 de XVIII-194 pages. 2 fr. 50

BORELY. **De la justice et des juges,** projet de réforme judiciaire. 1871, 2 vol. in-8. 12 fr.

BOUCHARDAT. **Le travail,** son influence sur la santé (conférences faites aux ouvriers). 1863, 1 vol. in-18. 2 fr. 50

BOUCHARDAT et H. JUNOD. **L'eau-de-vie et ses dangers,** conférences populaires. 1 vol. in-18. 1 fr.

BERSOT. **La philosophie de Voltaire.** 1 vol. in-12. 2 fr. 50

ÉD. BOURLOTON et E. ROBERT. **La Commune** et ses idées à travers l'histoire. 1872, 1 vol. in-18. 3 fr. 50

BOUCHUT. **Histoire de la médecine et des doctrines médicales.** 1873, 2 forts vol. in-8. 16 fr.

BOUCHUT et DESPRÉS. **Dictionnaire de médecine et de thérapeutique médicale et chirurgicale,** comprenant le résumé de la médecine et de la chirurgie, les indications thérapeutiques de chaque maladie, la médecine opératoire, les accouchements, l'oculistique, l'odontotechnie, l'électrisation, la matière médicale, les eaux minérales, et *un formulaire spécial pour chaque maladie*. 1873. 2e édit. très-augmentée. 1 magnifique vol. in-4, avec 750 fig. dans le texte. 25 fr.

BOUILLET (Adolphe). **L'armée d'Henri V. — Les bourgeois gentilshommes de 1871.** 1 vol. in-12. 3 fr. 50

BOUILLET (Adolphe). **L'armée d'Henri V. — Les bourgeois gentilshommes.** Types nouveaux et inédits. 1 vol. in-18. 2 fr. 50

BOUILLET (Adolphe). **L'armée d'Henri V. — Bourgeois gentilshommes.** —Arrière-ban de l'ordre moral, 1873-1874. 1 vol. in-18. 3 fr. 50

BOURDET (Eug.). **Vocabulaire des principaux termes de la philosophie positive,** avec notices biographiques appartenant au calendrier positiviste. 1 vol. in-18 (1875). 3 fr. 50

BOUTROUX. De la contingence des lois de la nature, in-8, 1874. 4 fr.

BOUTROUX. De veritatibus æternis apud Cartesium, hæc apud facultatem litterarum parisiensem disputabat, in-8. 2 fr.

BRIERRE DE BOISMONT. Des maladies mentales, 1867, brochure in-8 extraite de la *Pathologie médicale* du professeur Requin. 2 fr.

BRIERRE DE BOISMONT. Des hallucinations, ou Histoire raisonnée des apparitions, des visions, des songes, de l'extase, du magnétisme et du somnambulisme. 1862, 3e édition très-augmentée. 7 fr.

BRIERRE DE BOISMONT. Du suicide et de la folie suicide. 1865, 2e édition, 1 vol. in-8. 7 fr.

CHASLES (Philarète). **Questions du temps et problèmes d'autrefois.** Pensées sur l'histoire, la vie sociale, la littérature. 1 vol. in-18, édition de luxe. 3 fr.

CHASSERIAU. Du principe autoritaire et du principe rationnel. 1873, 1 vol. in-18. 3 fr. 50

CLAMAGERAN. L'Algérie. Impressions de voyage, 1874. 1 vol. in-18 avec carte. 3 fr. 50

CLAVEL. La morale positive. 1873, 1 vol. in-18. 3 fr.

Conférences historiques de la Faculté de médecine faites pendant l'année 1865. (*Les Chirurgiens érudits,* par M. Verneuil. — *Gui de Chauliac,* par M. Follin.— *Celse,* par M. Broca. — *Wurtzius,* par M. Trélat. — *Riolan,* par M. Le Fort. — *Levret,* par M. Tarnier. — *Harvey,* par M. Béclard. — *Stahl,* par M. Lasègue. — *Jenner,* par M. Lorain. — *Jean de Vier et les sorciers,* par M. Axenfeld.— *Laennec,* par M. Chauffard.— *Sylvius,* par M. Gubler.—*Stoll,* par M. Parrot.) 1 vol. in-8. 6 fr.

COQUEREL (Charles). **Lettres d'un marin à sa famille.** 1870, 1 vol. in-18. 3 fr. 50

COQUEREL (Athanase). Voyez *Bibliothèque de philosophie contemporaine.*

COQUEREL fils (Athanase). **Libres études** (religion, critique, histoire, beaux-arts). 1867, 1 vol. in-8. 5 fr.

COQUEREL fils (Athanase). **Pourquoi la France n'est-elle pas protestante ?** Discours prononcé à Neuilly le 1er novembre 1866. 2e édition, in-8.   **1 fr.**

COQUEREL fils (Athanase). **La charité sans peur,** sermon en faveur des victimes des inondations, prêché à Paris le 18 novembre 1866. In-8.   **75 c.**

COQUEREL fils (Athanase). **Évangile et liberté,** discours d'ouverture des prédications protestantes libérales, prononcé le 8 avril 1868. In-8.   **50 c.**

COQUEREL fils (Athanase). **De l'éducation des filles,** réponse à Mgr l'évêque d'Orléans, discours prononcé le 3 mai 1868. In-8.   **1 fr.**

CORLIEU. **La mort des rois de France** depuis François Ier jusqu'à la Révolution française, 1 vol. in-18 en caractères elzéviriens, 1874.   **3 fr. 50**

Conférences de la Porte-Saint-Martin pendant le siége de Paris. Discours de MM. *Desmarets* et *de Pressensé.* — Discours de M. *Coquerel,* sur les moyens de faire durer la République. — Discours de M. *Le Berquier,* sur la Commune. — Discours de M. *E. Bersier,* sur la Commune. — Discours de M. *H. Cernuschi,* sur la Légion d'honneur. In-8.   **1 fr. 25**

CORNIL. **Leçons élémentaires d'hygiène,** rédigées pour l'enseignement des lycées d'après le programme de l'Académie de médecine. 1873, 1 vol. in-18 avec figures intercalées dans le texte.   **2 fr. 50**

Sir G. CORNEWALL LEWIS. **Histoire gouvernementale de l'Angleterre de 1770 jusqu'à 1830,** trad. de l'anglais et précédée de la vie de l'auteur, par M. Mervoyer. 1867, 1 vol. in-8 de la *Bibliothèque d'histoire contemporaine.*   **7 fr.**

Sir G. CORNEWALL LEWIS. **Quelle est la meilleure forme de gouvernement ?** Ouvrage traduit de l'anglais ; précédé d'une Étude sur la vie et les travaux de l'auteur, par M. Mervoyer, docteur ès lettres. 1867, 1 vol. in-8.   **3 fr. 50**

CORTAMBERT (Louis). **La religion du progrès.** 1874, 1 vol. in-18.   **3 fr. 50**

DAMIRON. **Mémoires pour servir à l'histoire de la philosophie au XVIIIe siècle.** 3 vol. in-8.   **12 fr.**

DELAVILLE. **Cours pratique d'arboriculture fruitière** pour la région du nord de la France, avec 269 fig. In-8.   **6 fr.**

DELEUZE. **Instruction pratique sur le magnétisme animal,** précédée d'une Notice sur la vie de l'auteur. 1853. 1 vol. in-12.   **3 fr. 50**

DELORD (Taxile). **Histoire du second empire. 1848-1870.**

    1869. Tome Ier, 1 fort vol. in-8.   **7 fr.**
    1870. Tome II, 1 fort vol. in-8.   **7 fr.**
    1873. Tome III, 1 fort vol. in-8.   **7 fr.**
    1874. Tome IV, 1 fort vol. in-8.   **7 fr.**
    1874. Tome V, 1 fort vol. in-8.   **7 fr.**
    1875. Tome VI et dernier. 1 fort vol. in-8.   **7 fr.**

DENFERT (colonel). **Des droits politiques des militaires.** 1874, in-8. 75 c.

DIARD (H.). **Études sur le système pénitentiaire.** 1875, 1 vol. in-8. 1 fr. 50

DOLLFUS (Charles). **De la nature humaine.** 1868, 1 vol. in-8. 5 fr.

DOLLFUS (Charles). **Lettres philosophiques.** 3ᵉ édition. 1869, 1 vol. in-18. 3 fr. 50

DOLLFUS (Charles). **Considérations sur l'histoire.** Le monde antique. 1872, 1 vol. in-8. 7 fr. 50

DOLLFUS (Ch.). **L'âme dans les phénomènes de conscience.** 1 vol. in-18 (1876). 3 fr.

DUBOST (Antonin). **Des conditions de gouvernement en France.** 1 vol. in-8 (1875). 7 fr. 50

DUGALD-STEVART. **Éléments de la philosophie de l'esprit humain,** traduit de l'anglais par Louis Peisse, 3 vol. in-12. 9 fr.

DU POTET. **Manuel de l'étudiant magnétiseur.** Nouvelle édition. 1868, 1 vol. in-18. 3 fr. 50

DU POTET. **Traité complet de magnétisme,** cours en douze leçons. 1856, 3ᵉ édition, 1 vol. de 634 pages. 7 fr.

DUPUY (Paul). **Études politiques,** 1874. 1 v. in-8 de 236 pages. 3 fr. 50

DUVAL-JOUVE. **Traité de Logique,** ou essai sur la théorie de la science, 1855. 1 vol. in-8. 6 fr.

Éléments de science sociale. Religion physique, sexuelle et naturelle, ouvrage traduit sur la 7ᵉ édition anglaise. 1 fort vol. in-18, cartonné. 4 fr.

ÉLIPHAS LÉVI. **Dogme et rituel de la haute magie.** 1861, 2ᵉ édit., 2 vol. in-8, avec 24 fig. 18 fr.

ÉLIPHAS LÉVI. **Histoire de la magie,** avec une exposition claire et précise de ses procédés, de ses rites et de ses mystères. 1860, 1 vol. in-8, avec 90 fig. 12 fr.

ÉLIPHAS LÉVI. **La science des esprits,** révélation du dogme secret des Kabbalistes, esprit occulte de l'Évangile, appréciation des doctrines et des phénomènes spirites. 1865, 1 v. in-8. 7 fr.

ÉLIPHAS LÉVI. **Philosophie occulte.** Fables et symboles, avec leur explication où sont révélés les grands secrets de la direction du magnétisme universel et des principes fondamentaux du grand œuvre. 1863, 1 vol. in-8. 7 fr.

FAU. **Anatomie des formes du corps humain,** à l'usage des peintres et des sculpteurs. 1866, 1 vol. in-8 et atlas de 25 planches. 2ᵉ édition. Prix, fig. noires. 20 fr.
Prix, figures coloriées. 35 fr.

FERRON (de). **Théorie du progrès** (Histoire de l'idée du progrès. — Vico. — Herder. — Turgot. — Condorcet. — Saint-Simon. — Réfutation du césarisme). 1867, 2 vol. in-18. 7 fr.

FERRON (de). **La question des deux Chambres.** 1872, in-8 de 45 pages. 1 fr.

Em. FERRIÈRE. **Le darwinisme.** 1872, 1 vol. in-18. 4 fr. 50

FICHTE. **Méthode pour arriver à la vie bienheureuse,** traduit par Francisque Bouiller. 1 vol. in-8. 8 fr.

FICHTE. **Destination du savant et de l'homme de lettres,** traduit par M. Nicolas. 1 vol. in-8. 3 fr.

FICHTE. **Doctrines de la science.** Principes fondamentaux de la science de la connaissance, trad. par Grimblot. 1 vol. in-8. 9 fr.

FLEURY (Amédée). **Saint Paul et Sénèque,** recherches sur les rapports du philosophe avec l'apôtre et sur l'infiltration du christianisme naissant à travers le paganisme. 2 vol. in-8. 15 fr.

FOUCHER DE CAREIL. **Leibniz, Descartes, Spinoza.** In-8. 4 fr.

FOUCHER DE CAREIL. **Lettres et opuscules de Leibniz.** 1 vol. in-8. 3 fr. 50

FOUCHER DE CAREIL. **Leibniz et Pierre le Grand.** 1 vol. in-8. 1874. 2 fr.

FOUILLÉE (Alfred). **La philosophie de Socrate.** 2 vol. in-8 16 fr.

FOUILLÉE (Alfred). **La philosophie de Platon.** 2 vol. in-8. 16 fr.

FOUILLÉE (Alfred). **La liberté et le déterminisme.** 1 fort vol. in-8. 7 fr. 50

FOUILLÉE (Alfred). **Platonis hippias minor sive Socratica,** 1 vol. in-8. 2 fr.

FRÉDÉRIQ. **Hygiène populaire.** 1 vol. in-12. 1875. 4 fr.

FRIBOURG. **Du paupérisme parisien,** de ses progrès depuis vingt-cinq ans. 1 vol. in-18. 1 fr. 25

GÉRARD (Jules). **Maine de Biran, essai sur sa philosophie,** suivi de fragments inédits. 1 fort vol. in-8. 10 fr.

HAMILTON (William). **Fragments de Philosophie,** traduits de l'anglais par Louis Peisse. 7 fr. 50

HEGEL. Voy. p. 3.

HERZEN. **Œuvres complètes.** Tome Ier. *Récits et nouvelles.* 1874, 1 vol. in-18. 3 fr. 50

HERZEN. **De l'autre Rive.** 4e édition, traduit du russe par M. Herzen fils. 1 vol. in-18. 3 fr. 50

HERZEN. **Lettres de France et d'Italie.** 1871, in-18. 3 fr. 50

HUMBOLDT (G. de). **Essai sur les limites de l'action de l'État,** traduit de l'allemand, et précédé d'une Étude sur la vie et les travaux de l'auteur, par M. Chrétien, docteur en droit. 1867, in-18. 3 fr. 50

ISSAURAT. **Moments perdus de Pierre-Jean,** observations, pensées, rêveries antipolitiques, antimorales, antiphilosophiques, antimétaphysiques, anti tout ce qu'on voudra. 1868, 1 v. in-18. 3 fr.

ISSAURAT. **Les alarmes d'un père de famille,** suscitées, expliquées, justifiées et confirmées par lesdits faits et gestes de Mgr. Dupanloup et autres. 1868, in-8. 1 fr.

JANET (Paul). **Histoire de la science politique** dans ses rapports avec la morale. 2 vol. in-8. 20 fr.

JANET (Paul). **Études sur la dialectique** dans Platon et dans Hégel. 1 vol. in-8.　　　　　　　6 fr.

JANET (Paul). **Œuvres philosophiques de Leibniz.** 2 vol. in-8.　　　　　　　16 fr.

JANET (Paul). **Essai sur le médiateur plastique de Cudworth.** 1 vol. in-8.　　　　　　　1 fr.

KANT. **Critique de la raison pure**, précédé d'une préface par M. Jules BARNI. 1870, 2 vol. in-8.　　　　16 fr.

KANT. **Critique de la raison pure**, traduit par M. Tissot. 2 vol. in-8.　　　　　　　16 fr.

KANT. **Éléments métaphysiques de la doctrine du droit**, suivis d'un Essai philosophique sur la paix perpétuelle, traduits de l'allemand par M. Jules BARNI. 1854, 1 vol. in-8.　　8 fr.

KANT. **Principes métaphysiques du droit** suivi du *projet de paix perpétuelle*, traduction par M. Tissot. 1 vol. in-8.　　8 fr.

KANT. **Éléments métaphysiques de la doctrine de la vertu**, suivi d'un Traité de pédagogie, etc. ; traduit de l'allemand par M. Jules BARNI, avec une introduction analytique. 1855, 1 vol. in-8.　　　　　　　8 fr.

KANT. **Principes métaphysiques de la morale**, augmenté des *fondements de la métaphysique des mœurs*, traduction par M. Tissot. 1 vol. in-8.　　　　　　　8 fr.

KANT. **La logique**, traduction de M. Tissot. 1 vol. in-8.　　4 fr.

KANT. **Mélanges de logique**, traduction par M. Tissot, 1 vol. in-8.　　　　　　　6 fr.

KANT. **Prolégomènes à toute métaphysique future** qui se présentera comme science, traduction de M. Tissot, 1 vol. in-8
　　　　　　　6 fr.

KANT. **Anthropologie**, suivie de divers fragments relatifs aux rapports du physique et du moral de l'homme et du commerce des esprits d'un monde à l'autre, traduction par M. Tissot. 1 vol. in-8.　　　　　　　6 fr.

KANT. **Examen de la critique de la raison pratique**, traduit par J. Barni. 1 vol. in-8.　　　　　　　6 fr.

KANT. **Éclaircissements sur la critique de la raison pure.** traduit par J. Tissot. 1 vol. in-8.　　　　　　　6 fr.

KANT. **Critique du jugement**, suivie des *observations sur les sentiments du beau et du sublime*, traduit par J. Barni. 2 vol. in-8.
　　　　　　　12 fr.

LABORDE. **Les hommes et les actes de l'insurrection de Paris** devant la psychologie morbide. Lettres à M. le docteur Moreau (de Tours). 1 vol. in-18.　　　　2 fr. 50

LACHELIER. **Le fondement de l'induction.** 1 vol. in-8　3 fr. 50

LACHELIER. **De natura syllogismi** apud facultatem litterarum Parisiensem, hæc disputabat.　　　　　　1 fr. 50

LACOMBE **Mes droits.** 1869, 1 vol. in-12.　　　　2 fr. 50

LAMBERT. **Hygiène de l'Égypte.** 1873. 1 vol. in-18.　2 fr. 50

LANGLOIS. **L'homme et la Révolution.** Huit études dédiées à P.-J. Proudhon. 1867. 2 vol. in-18.　　　　　7 fr.

LAUSSEDAT. **La Suisse.** Études médicales et sociales. 2ᵉ édit., 1875. 1 vol. in-18.   3 fr. 50

LAVELEYE (Em. de). **De l'avenir des peuples catholiques.** 1 brochure in-8. 21ᵉ édit. 1876.   25 c.

LAVERGNE (Bernard.). **L'ultramontanisme et l'État.** 1 vol. in-8. (1875).   1 fr. 50

LE BERQUIER. **Le barreau moderne.** 1871, 2ᵉ édition, 1 vol. in-18.   3 fr. 50

LE FORT. **La chirurgie militaire** et les Sociétés de secours en France et à l'étranger. 1873, 1 vol. gr. in-8, avec fig.   10 fr.

LE FORT. **Étude sur l'organisation de la Médecine** en France et à l'étranger. 1874, gr. in-8.   3 fr.

LEIBNIZ. **Œuvres philosophiques,** avec une Introduction et des notes par M. Paul Janet, 2 vol. in-8.   16 fr.

LITTRÉ. **Auguste Comte et Stuart Mill,** suivi de *Stuart Mill et la philosophie positive*, par M. G. Wyrouboff. 1867, in-8 de 86 pages.   2 fr.

LITTRÉ. **Application de la philosophie positive** au gouvernement des Sociétés. In-8.   3 fr. 50

LORAIN (P.). **Jenner et la vaccine.** Conférence historique. 1870, broch. in-8 de 48 pages.   1 fr. 50

LORAIN (P.). **L'assistance publique.** 1871, in-4 de 56 p. 1 fr.

LUBBOCK **L'homme préhistorique,** étudié d'après les monuments et les costumes retrouvés dans les différents pays de l'Europe, suivi d'une Description comparée des mœurs des sauvages modernes, traduit de l'anglais par M. Ed. BARBIER, 256 figures intercalées dans le texte. 1876, 2ᵉ édition, considérablement augmentée suivie d'une conférence de M. P. BROCA sur *les Troglodytes de la Vezère.* 1 beau vol. in-8, broché.   15 fr.
   Cart. riche, doré sur tranche.   18 fr.

LUBBOCK. **Les origines de la civilisation.** État primitif de l'homme et mœurs des sauvages modernes. 1873, 1 vol. grand in-8 avec figures et planches hors texte. Traduit de l'anglais par M. Ed. BARBIER.   15 fr.
   Relié en demi-maroquin avec nerfs.   18 fr.

MAGY. **De la science et de la nature,** essai de philosophie première. 1 vol. in-8.   6 fr.

MARAIS (Aug.). **Garibaldi et l'armée des Vosges.** 1872, 1 vol. in-18.   1 fr. 50

MAURY (Alfred). **Histoire des religions de la Grèce antique.** 3 vol. in-8.   24 fr.

MAX MULLER. **Amour allemand.** Traduit de l'allemand. 1 vol. in-18 imprimé en caractères elzéviriens.   3 fr. 50

MAZZINI. **Lettres à Daniel Stern** (1864-1872), avec une lettre autographiée. 1 v. in-18 imprimé en caractères elzéviriens. 3 fr. 50

MENIÈRE. **Cicéron médecin,** étude médico-littéraire. 1862, 1 vol. in-18.   4 fr. 50

MENIÈRE. **Les consultations de madame de Sévigné,** étude médico-littéraire. 1864, 1 vol. in-8.   3 fr.

MERVOYER. Étude sur l'association des idées. 1864, 1 vol. in-8.   6 fr.

MILSAND. Les études classiques et l'enseignement public. 1873, 1 vol. in-18.   3 fr. 50

MILSAND. Le code et la liberté. Liberté du mariage, liberté des testaments. 1865, in-8.   2 fr.

MIRON. De la séparation du temporel et du spirituel. 1866, in-8.   3 fr. 50

MORER. Projet d'organisation des colléges cantonaux, in-8 de 64 pages.   1 fr. 50

MORIN. Du magnétisme et des sciences occultes. 1860, 1 vol. in-8.   6 fr.

MUNARET. Le médecin des villes et des campagnes. 4e édition, 1862, 1 vol. grand in-18.   4 fr. 50

NAQUET (A.). La république radicale. 1873, 1 vol. in-18.   3 fr. 50

NOEL (Eug.). Mémoires d'un imbécile, avec une préface de M. LITTRÉ. 1 vol. in-18. 2e éd. 1876, en car. elzéviriens. 3 fr. 50

NOLEN (Désiré). La critique de Kant et la métaphysique de Leibniz, histoire et théorie de leurs rapports, 1 volume in-8. (1875).   6 fr.

NOLEN (Désiré). Quid Lebnizius Aristoteli debuerit 1 br. in-8.   1 fr. 50

NOURRISSON. Essai sur la philosophie de Bossuet. 1 vol. in-8.   4 fr.

OGER. Les Bonaparte et les frontières de la France. In-18.   50 c.

OGER. La République. 1871, brochure in-8.   50 c.

OLLÉ-LAPRUNE. La philosophie de Malebranche. 2 vol. in-8.   16 fr.

PARIS (comte de). Les associations ouvrières en Angleterre (trades-unions). 1869, 1 vol. gr. in-8.   2 fr. 50
     Édition sur papier de Chine : broché.   12 fr.
             —   reliure de luxe.   20 fr.

PETROZ (P.). L'art et la critique en France depuis 1822. 1 vol. in-18. 1875.   3 fr. 50

POEY (André). Le positivisme. 1 fort vol. in-12 (1876). 4 fr. 50

PUISSANT (Adolphe). Erreurs et préjugés populaires. 1873, 1 vol. in-18.   3 fr. 50

REYMOND (William). Histoire de l'art. 1874, 1 vol. in-8.   5 fr.

RIBERT (Léonce). Esprit de la Constitution du 25 février 1875, 1 vol. in-18, en caractères elzéviriens.   3 fr. 50

RIBOT (Paul). Matérialisme et spiritualisme. 1873, in-8.   6 fr.

RIBOT (Th.). **La psychologie anglaise contemporaine** (James Mill, Stuart Mill, Herbert Spencer, A. Bain, G. Lewes, S. Bailey, J.-D. Morell, J. Murphy). 1875, 1 vol. in-8. 2e édit. 7 fr. 50

RIBOT (Th.). **De l'hérédité.** 1873, 1 vol. in-8. 10 fr.

RITTER (Henri). **Histoire de la philosophie moderne,** traduction française précédée d'une introduction par P. Challemel-Lacour. 3 vol. in-8. 20 fr.

RITTER (Henri). **Histoire de la philosophie ancienne,** trad. par Tissot. 4 vol. 30 fr.

ROBERT (Edmond). **Les domestiques,** étude historique. 1 vol. in-18. 1875. 3 fr. 50

SAINT-MARC GIRARDIN. **La chute du second Empire.** In-4. 4 fr. 50

SALETTA. **Principe de logique positive,** ou traité de scepticisme positif. Première partie (de la connaissance en général). 1 vol. gr. in-8. 3 fr. 50

SARCHI. **Examen de la doctrine de Kant.** 1872, gr. in-8. 4 fr.

SCHELLING. **Écrits philosophiques** et morceaux propres à donner une idée de son système, traduits par Ch. Bénard. In-8. 9 fr.

SCHELLING. **Bruno** ou du principe divin, trad. par Husson. 1 vol. in-8. 3 fr. 50

SCHELLING. **Idéalisme transcendantal,** traduit par Grimblot. 1 vol. in-8. 7 fr. 50

SIÈREBOIS. **Autopsie de l'âme.** Identité du matérialisme et du vrai spiritualisme. 2e édit. 1873, 1 vol. in-18. 2 fr. 50

SIÈREBOIS. **La morale** fouillée dans ses fondements. Essai d'anthropodicée. 1867, 1 vol. in-8. 6 fr.

SMEE (A.). **Mon jardin,** géologie, botanique, histoire naturelle, culture, 1876. 1 magnifique vol. gr. in-8 orné de 1300 figures et 52 planches hors texte, traduit de l'anglais par M. Barbier. Broché. 15 fr.
Cartonnage riche, doré sur tranches. 20 fr.

SOREL (Albert). **Le traité de Paris du 20 novembre 1815.** Leçons professées à l'École libre des sciences politiques par M. Albert Sorel, professeur d'histoire diplomatique. 1873, 1 vol. in-8. 4 fr. 50

SPENCER (Herbert). Voyez p. 4.

STUART MILL. Voyez page 4.

THULIÉ. **La folie et la loi.** 1867, 2e édit., 1 vol. in-8. 3 fr. 50

THULIÉ. **La manie raisonnante du docteur Campagne.** 1870, broch. in-8 de 132 pages. 2 fr.

TIBERGHIEN. **Les commandements de l'humanité.** 1872, 1 vol. in-18. 3 fr.

TIBERGHIEN. **Enseignement et philosophie.** 1873, 1 vol in-18. 4 fr.

TISSANDIER. **Études de Théodicée.** 1869, in-8 de 270 p. 4 fr.

TISSOT. **Voyez** Kant.

TISSOT. **Principes de morale**, leur caractère rationnel et universel, leur application. Ouvrage couronné par l'Institut. 1 vol. in-8.   6 fr.

VACHEROT. **Histoire de l'École d'Alexandrie**. 3 vol. in-8.   24 fr.

VALETTE. **Cours de Code civil** professé à la Faculté de droit de Paris. Tome I, première année (Titre préliminaire — Livre premier). 1873, 1 fort vol. in-18.   8 fr.

VALMONT. **L'espion prussien**. 1872, roman traduit de l'anglais. 1 vol. in-18.   3 fr. 50

VAN DER REST. **Platon et Aristote**. Essai sur les commencements de la science politique. 1 fort vol. in-8 (1876)   10 fr.

VÉRA. **Strauss. L'ancienne et la nouvelle foi**. 1873, in-8.   6 fr.

VÉRA. **Cavour et l'Église libre dans l'État libre**, 1874, in-8.   3 fr. 50

VÉRA. **L'Hégélianisme et la philosophie**. 1 vol. in-18. 1861.   3 fr. 50

VÉRA. **Mélanges philosophiques**. 1 vol. in-8. 1862.   5 fr.

VÉRA. **Essais de philosophie hégélienne** (de la *Bibliothèque de philosophie contemporaine*). 1 vol. in-18.   2 fr. 50

VÉRA. **Platonis, Aristotelis et Hegelii de medio termino doctrina**. 1 vol. in-8. 1845.   1 fr. 50

VÉRA. **Traduction de Hégel**. Voy. page 3.

VILLIAUMÉ. **La politique moderne**, traité complet de politique. 1873, 1 beau vol. in-8.   6 fr.

WEBER. **Histoire de la philosophie européenne**. 1871, 1 vol. in-8.   10 fr.

YUNG (EUGÈNE). **Henri IV, écrivain**. 1 vol. in-8. 1855. 5 fr.

ZIMMERMANN. **De la solitude**, des causes qui en font naître le goût, de ses inconvénients, de ses avantages, et son influence sur les passions, l'imagination, l'esprit et le cœur, traduit de l'allemand par N. Jourdan. Nouvelle édition. 1840, in-8. 3 fr. 50

L'Europe orientale. Son état présent, sa réorganisation, avec deux tableaux ethnographiques, 1873. 1 vol. in-18.   3 fr. 50

Le Pays Jougo-Slave (Croatie-Serbie). Son état physique et politique, 1874, in-18.   3 fr. 50

Annales de l'Assemblée nationale. Compte rendu *in extenso* des séances, annexes, rapports, projets de loi, propositions, etc. Prix de chaque volume.   15 fr.
   Quarante-et-un volumes sont en vente.

Loi de recrutement des armées de terre et de mer, promulguée le 16 août 1872. Compte rendu *in extenso* des trois délibérations. — Lois des 10 mars 1818, 21 mars 1832, 21 avril 1855, 1er février 1868. 1 vol. gr. in-4 à 3 colonnes. 2e édit.   18 fr.

Réorganisation des armées active et territoriale, lois de 1873-1875, promulguées les 7 août 1873 et 27 mars 1875. 1 fort vol. in-4.   18 fr.

COLLECTION ELZÉVIRIENNE

Lettres de Joseph Mazzini à Daniel Stern (1864-1872), avec
une lettre autographiée.　　　　　　　　　　　3 fr. 50

Amour allemand, par MAX MÜLLER, traduit de l'allemand.
1 vol. in-18.　　　　　　　　　　　　　　　3 fr. 50

La mort des rois de France depuis François Ier jusqu'à la
Révolution française, études médicales et historiques, par M. le
docteur CORLIEU, 1 vol. in-18.　　　　　　　3 fr. 50

Libre examen, par LOUIS VIARDOT. 1 vol. in-18.　3 fr. 50

L'Algérie, impressions de voyage, par M. CLAMAGERAN. 1 vol. in-18.
　　　　　　　　　　　　　　　　　　　　　3 fr. 50

La République de 1848, par J. STUART MILL, traduit de l'anglais, avec préface par M. SADI CARNOT, 1 vol. in-18 (1875).
　　　　　　　　　　　　　　　　　　　　　3 fr. 50

Esprit de la Constitution du 25 février 1875, par M. LÉONCE
RIBERT. 1 vol. in-18.　　　　　　　　　　　3 fr. 50

Mémoires d'un imbécile, par EUG. NOEL, précédé d'une préface de *M. Littré*. 1 vol. in-18, 2e édition (1876).　3 fr. 50

BIBLIOTHÈQUE POPULAIRE

Napoléon Ier, par M. Jules BARNI, membre de l'Assemblée nationale. 1 vol. in-18.　　　　　　　　　　　1 fr.

Manuel républicain, par M. Jules BARNI, membre de l'Assemblée
nationale. 1 vol. in-18.　　　　　　　　　　1 fr.

Garibaldi et l'armée des Vosges, par M. Aug. MARAIS. 1 vol.
in-18.　　　　　　　　　　　　　　　　　　1 fr. 50

Le paupérisme parisien, ses progrès depuis vingt-cinq ans, par
E. FRIBOURG.　　　　　　　　　　　　　　1 fr. 25

ÉTUDES CONTEMPORAINES

Les bourgeois gentilshommes. — **L'armée d'Henri V**,
par Adolphe BOUILLET. 1 vol. in-18.　　　　3 fr. 50

Les bourgeois gentilshommes. — **L'armée d'Henri V.**
Types nouveaux et inédits, par A. BOUILLET. 1 v. in-18. 2 fr. 50

Les Bourgeois gentilshommes. — **L'armée d'Henri V.**
L'arrière-ban de l'ordre moral, par A. Bouillet. 1 vol. in-18.
　　　　　　　　　　　　　　　　　　　　　3 fr. 50

L'espion prussien, roman anglais par V. VALMONT, traduit par
M. J. DUBRISAY. 1 vol. in-18.　　　　　　　3 fr. 50

La Commune et ses idées à travers l'histoire, par Edgar
BOURLOTON et Edmond ROBERT. 1 vol. in-18.　3 fr. 50

Du principe autoritaire et du principe rationnel, par
M. Jean Chasseriau. 1873. 1 vol. in-18.　　　3 fr. 50

La République radicale, par A. NAQUET, membre de l'Assemblée nationale. 1 vol. in-18.　　　　　　　　3 fr. 50

Les domestiques, par M. Edmond ROBERT, 1 vol. in-18 (1875).
　　　　　　　　　　　　　　　　　　　　　2 fr. 50

4444. — PARIS. — IMPRIMERIE DE E. MARTINET, RUE MIGNON, 2

www.ingramcontent.com/pod-product-compliance
Ingram Content Group UK Ltd.
Pitfield, Milton Keynes, MK11 3LW, UK
UKHW022309070726
13614UKWH00002B/626